全国"十二五"创新型规划教材

电子生产工艺
——PCB制造与工艺教程
DIANZISHENGCHANGONGYI

主　编　李　强
副主编　张宏立　杨　昭　孙阿莉

U0223009

哈爾濱工業大學出版社

内 容 简 介

本书针对高职高专电子类专业在校学生学习 PCB 工艺技术与实训的特点和要求,系统全面地介绍了 PCB(印制电路板)的基础原理、制造 PCB 的常见工艺和材料以及 PCB 实训的操作过程。对制造 PCB 的各个工序进行详细分析与介绍,以理论为基石带动项目实训。本书内容由浅入深、层次分明,文字以条目形式出现;逻辑上结构清晰、论理确切,便于自学。

本书既可以作为高职高专理工科电类专业高职专科学生相应课程的指导教材,也可以作为 PCB 工艺实训的实验实训指导教程。

图书在版编目(CIP)数据

电子生产工艺:PCB 制造与工艺教程/李强主编.

—哈尔滨:哈尔滨工业大学出版社,2014.1

ISBN 978-7-5603-4568-0

Ⅰ.①电… Ⅱ.①李… Ⅲ.①电子产品—生产工艺—高等职业教育—教材②印刷电路—生产工艺—高等职业教育—教材 Ⅳ.①TN05②TN410.5

中国版本图书馆 CIP 数据核字(2014)第 010538 号

责任编辑　范业婷

出版发行　哈尔滨工业大学出版社

社　　址　哈尔滨市南岗区复华四道街 10 号　邮编 150006

传　　真　0451 – 86414749

网　　址　http://hitpress.hit.edu.cn

印　　刷　北京市全海印刷厂

开　　本　787mm×1092mm　1/16　印张 8.25　字数 183 千字

版　　次　2014 年 1 月第 1 版　2014 年 1 月第 1 次印刷

书　　号　ISBN 978-7-5603-4568-0

定　　价　25.00 元

前言 preface

　　本书是根据教育部制定的《高等职业教育培养目标和规定》的有关文件精神及电子生产工艺教学的基本要求，充分考虑了当今社会电子生产型企业的设备与技术的实际情况，并结合现代电子生产工艺课程的建设实际编写的。编写时既考虑到要使学生获得必要的电子生产工艺基础理论、基本知识和基本技能，也充分考虑到高职高专学生理论基础的实际情况，以及将来学生走入企业，面对设备后能快速适应，掌握操作技能。在编写过程中认真贯彻"理论以够用为度，加强应用，提高分析和解决实际问题的能力"的原则。

　　本书的编写思路是：

　　1. 注重理论与工程实践相结合，重在会用。各章列举大量实践操作步骤和流程，以加深学生对各个电子生产工序（PCB 印制电路板）的理解。

　　2. 以 PCB 印制电路板操作为主，各章相应介绍常用的工序中的各种设备和技术，重在对生产的认知和应用能力的培养。

　　3. 讲授内容与习题融为一体。每章包括训练项目，以帮助学生总结内容，拓宽思路，提高分析问题和解决问题的能力。

　　4. 强调课程体系的针对性，根据高职高专的培养规格，理论上为后续课程打基础，以实用为度，注重应用与操作能力的培养。

　　在本书的编写过程中，得到了来自长沙科瑞特电子有限公司张宏立经理的全力配合，也得到了连云港师范高等专科学校杨昭老师和连云港伍江数码科技有限公司孙阿莉经理的无私帮助，在此表示感谢。

　　由于编者水平有限，统稿时间仓促，书中不妥之处恳请读者给予批评指正，以便修订，使之成为日臻完善的高职高专教材。

编　者

目录 Contents

第1章 现代印制电路技术概述

1. 了解印制电路板的定义和功能及其在现代电子工业中的重要地位。
2. 掌握目前常用的两种印制电路板的工艺。
3. 理解目前常用的几种印制电路板的技术。

1.1 印制电路板的定义和功能

1. 印制电路板的定义

印制电路板,其英文名为 Printed Circuit Board,缩写为 PCB。它以绝缘板为基材,被切成一定尺寸,其上至少附有一个导电图形,并布有孔(如元件孔、紧固孔、金属化孔等)。由于这种板是采用电子印刷术制作的,故也被称为"印制电路板"。

2. 印制电路板的分类

根据电路层数印制电路板可分为单面板、双面板和多层板。常见的多层板一般为四层板或六层板,复杂的多层板可达十几层。

(1)单面板(Single-Sided Board)。

在最基本的 PCB 上,零件集中在其中一面,导线则集中在另一面上。因为导线只出现在其中一面,所以这种 PCB 称为单面板。因为单面板在设计线路上有许多严格的限制(因为只有一面,布线间不能交叉而必须绕独自的路径),所以只有早期的电路才使用这类板子。

(2)双面板(Double-Sided Board)。

双面板的两面都有布线,不过要用上两面的导线,必须在两面间有适当的电路连接才行。这种电路间的"桥梁"称为导孔(Via)。导孔是在 PCB 上充满或涂上金属的小洞,它可以与两面的导线相连接。因为双面板的面积比单面板大了一倍,而且布线可以互相交错(可以绕到另一面),所以它更适合用在比单面板更复杂的电路上。

(3)多层板(Multi-Layer Board)。

为了增加可以布线的面积,多层板用上了更多单面或双面的布线板。用一块双面板做内层、两块单面板做外层或两块双面板做内层、两块单面板做外层的印制电路板,通过定位系统及绝缘黏结材料交替在一起且导电图形按设计要求进行互连的印制电路板就成为四层、六层印制电路板,也称多层印制电路板。板子的层数代表有几层独立的布线层,通常层数都是偶数,并且包含最外侧的两层。大部分主机板都是四至八层的结构,不过理论上可以做到近 100 层的 PCB 板。大型的超级计算机大多使用相当多层的主机板,不过因为这类计算机已经可以用许多普通计算机的集群代替,所以超多层板已经渐渐不被使用了。

根据材质不同印制电路板可分为刚性印制电路板和柔性印制电路板。

刚性印制电路板具有一定的机械强度,用它装成的部件具有一定的抗弯能力,在使用时处于平展状态,一般电子产品中使用的都是刚性印制电路板。

柔性印制电路板(Flexible Printed Circuit Board,FPC)是用柔性的绝缘基材制成的印制电路板,具有许多硬性印制电路板不具备的优点。例如它可以自由弯曲、卷绕、折叠,可依照空间布局要求任意安排,并在三维空间任意移动和伸缩,从而达到元器件装配和导线连接的一体化。利用 FPC 可大大缩小电子产品的体积,有利于电子产品向高密度、小型化、高可靠方向发展。因此,FPC 在航天、军事、移动通信、手提计算机、计算机外设、PDA、数字相机等领域或产品上得到了广泛的应用。FPC 还具有良好的散热性、可焊性以及易于装连、综合成本较低等优点,软硬结合的设计也在一定程度上弥补了柔性基材在元件承载能力上的略微不足。柔性印制电路板也有单面、双面和多层板之分,所采用的基材以聚酰亚胺覆铜板为主。此种材料耐热性高、尺寸稳定性好,与兼有机械保护和良好电气绝缘性能的覆盖膜通过压制而成最终产品。双面、多层印制电路板的表层和内层导体通过金属化实现内外层电路的电气连接。

3. 印制电路板在电子设备中的重要作用

印制电路板可以实现电气间的电气连接,提供必要的机械支撑,提供电路的电气连接并用标记符号把板上所安装的各个元件标注出来,以便于贴装、插件、焊接、检查及调试等。

1.2 印制电路板的制造工艺简介

1. 减成法

利用化学品或机械将空白的电路板(即铺有完整一块金属箔的电路板)上不需要的地方除去,余下的地方便是所需要的电路,称为减成法。

减成法主要分为以下四类:

(1)丝网印刷:把预先设计好的电路图制成丝网遮罩,丝网上不需要的电路部分会被蜡或者不透水的物料覆盖,然后把丝网遮罩放到空白电路板上面,再在丝网上油上不会被蚀刻的保护剂,把电路板放到蚀刻液中,没有被保护剂遮住的部分便会被蚀走,最后把保护剂清理掉。

(2)光印制作:把预先设计好的电路图印在透光的胶片遮罩上(最简单的做法就是用打印机印出来的投影片),把需要的部分印成不透明的颜色,再在空白电路板上涂上感光颜料,将预备好的胶片贴在感光板上放入曝光机进行曝光,除去胶片后用显影液把电路板上的图案显示出来,最后用丝网印刷的方法进行电路蚀刻。

(3)雕刻制作:利用铣床或激光雕刻机直接把空白线路上不需要的部分除去。

(4)热转印制作:将电路图形通过激光打印机打印在热转印纸上,通过热转印机将转印纸的电路图形转移到覆铜板上,然后进行电路蚀刻。

2. 加成法

在绝缘基材表面,有选择地沉积导电金属而形成导电图形的方法,称为加成法。

加成法主要分为以下三类:

(1)全加成法(Full Additive Process):仅用化学沉铜方法形成导电图形的加成法工艺。其工艺流程是:钻孔—成像—增黏处理—化学镀铜—去除抗蚀剂。该工艺采用催化性层压板为基材。

(2)半加成法(Semi-additive Process):在绝缘基材表面上,用化学方法沉积金属,结合电镀蚀刻或者三者并用形成导电图形的加成法工艺。其工艺流程是:钻孔—催化处理和增黏处理—化学镀铜—成像(电镀抗蚀剂)—图形电镀铜(负相)—去除抗蚀剂—差分蚀刻。该工艺采用普通层压板为基材。

(3)部分加成法(Partial Additive Process):在催化性覆铜层压板上,采用加成法制造印制板。其工艺流程是:成像(抗蚀刻)—蚀刻铜—去除抗蚀层—全板涂覆电镀抗蚀剂—钻孔—孔内化学镀铜—去除电镀抗蚀剂。

加成法的优点:

①由于加成法避免大量蚀刻铜,以及由此带来的大量蚀刻溶液处理费用,大大降低了印制板的生产成本,有效地减少了环境污染。

②加成法工艺比减成法工艺的工序减少了约1/3,简化了生产工序,提高了生产效率。

③加成法工艺能达到齐平导线和齐平表面,从而能制造SMT等高精密度印制板。

④在加成法工艺中,由于孔壁和导线同时化学镀铜,孔壁和板面上导电图形的镀铜层厚度均匀一致,提高了金属化孔的可靠性,也能满足高厚径比印制板小孔内镀铜的要求。

1.3　常见PCB制板工艺与方法

1. 热转印制板工艺及操作流程介绍

热转印制板工艺主要是利用静电成像设备代替专用印制板制板照相设备,利用含树脂的静电墨粉代替光化学显影定影材料,通过静电印制电路制板机在铜板上生成电路板图的防蚀图层,经蚀刻形成印制电路板。

基本制板工艺流程是:打印底片(激光打印机)—热转印(热转印机)—蚀刻(喷淋蚀刻机)—钻孔(精密微型台钻)。

本节以科瑞特公司生产的整套热转印制板设备为例,详细介绍热转印制板整套工艺及操作流程。

(1)打印底片。

由于该底片为专用热转印纸,对打印机要求较高,必须为激光打印机,推荐使用惠普公司生产的商用打印机5200Lx或M401d,以确保底片打印质量。本流程以软件Protel99SE(中文版)演示样板图为例说明底片制作的全过程。

PCB文件说明:Keepoutlayer(边框层),Bottomlayer(底层),Toplayer(顶层)。

热转印制板一般只适合做单面板,因此一般只需要输出底层线路图形即可。具体操作流程如下：

①顶层线路底片输出：

a. 启动软件并打开演示样图文件(图1.1)。

b. 点击"Document"窗口，选择"File"菜单中"New"功能项，并选择"PCB Printer"(图1.2)。

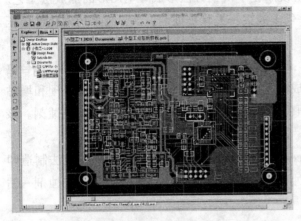

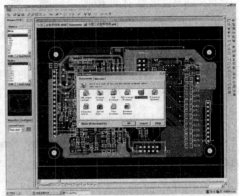

图1.1　演示样图　　　　　　　　　　　图1.2　选择输出格式界面

c. 点击"OK"按钮，出现一个"小型工业制板.PCB"(图1.3)。

d. 点击"OK"按钮，出现如图1.4所示的功能框。

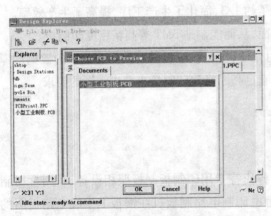

图1.3　选择文件界面　　　　　　　　　图1.4　打印预览图功能框

e. 右键点击左边功能框"BrowsePCBPrint"内"Multilayer Composite Print"按钮，并点击"Properties"，出现如图1.5所示对话框。

f. 选择"BottomLayer"→"TopOverlay"，并点击"Remove"按钮，出现如图1.6所示界面。

g. 选择"Mirror Layers"→"Black&White"→"Show holes"，出现的界面如图1.7所示。

h. 点击"Close"按钮，出现的界面如图1.8所示。

i. 点击打印快捷图标，顶层底片即可输出。

②底层线路底片输出：

a. 重新开始上面的操作，出现如图1.9所示界面。

b. 选择"TopLayer"→"TopOverlay"，并点击"Remove"按钮，选择"Black&White"(底层不要"Mirror Layers")，并选择"Show holes"，出现如图1.10所示界面。

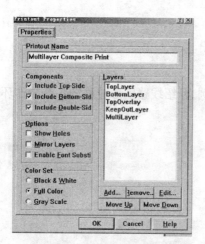

图 1.5 打印性能对话框

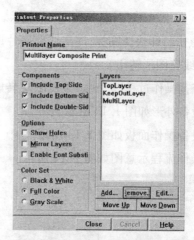

图 1.6 打印顶层图片的设置示意图

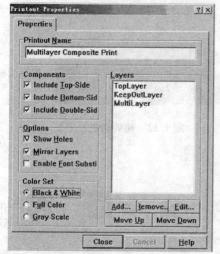

图 1.7 打印输出参数对话框

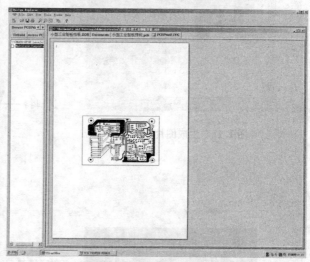

图 1.8 生成方框

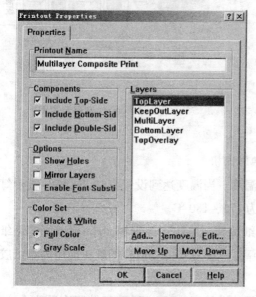

图 1.9 选择顶层对话框

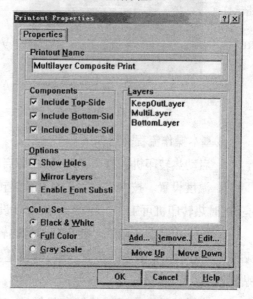

图 1.10 模式选择对话框

c. 点击"Close"按钮,如图 1.11 所示。

d. 点击打印快捷图标,底层线路底片即可输出。

(2)线路图形转印。

本工艺操作过程以 Create – SHP 热转印机为例,介绍线路图形转移的各个操作环节。

①设备外形如图 1.12 所示。

②设备操作面板如图 1.13 所示。

③操作流程示意图如图 1.14 所示。

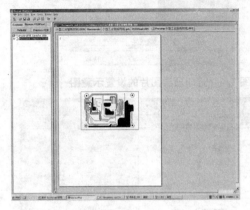

图 1.11　生成图片

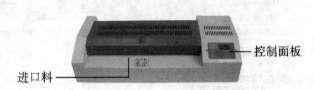

图 1.12　热转印机

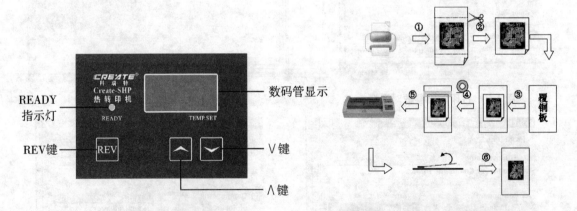

图 1.13　操作面板　　　　　　图 1.14　操作流程示意图

④基本操作流程介绍如下:

a. 启动热转印机。打开电源开关,即启动热转印机。

b. 温度设置。按"∨"/"∧"键设置热转印温度。当温度达到设置值时,READY 指示灯亮,此时热转印机可工作。注意:一般温度设定为 175 ~ 180 ℃。

c. 覆铜板粘贴转印纸。使用剪刀将热转印纸裁剪到略小于覆铜板大小;将剪好的图纸贴于抛光好的覆铜板中心位置,四周保留足够距离,一般为 1 ~ 2 cm;在图纸正面用高温纸胶贴好固定。

d. 启动热转印。通过热转印机转印,转印温度为 175 ~ 180 ℃,重复转印次数为 2 ~ 3

次,转印完毕后,待覆铜板基本冷却后,再将表面的转印纸撕去即完成图形转印过程。

（3）蚀刻。

蚀刻过程是将覆铜板上具有激光碳粉覆盖的线路保护起来,将非线路部分的铜箔蚀刻掉。下面以Create – AEM2200自动蚀刻机为例介绍蚀刻工艺简易制作过程。

①设备结构如图1.15所示。

②功能说明：

a.加热管：加热蚀刻液,出厂时已设定好蚀刻工作温度。

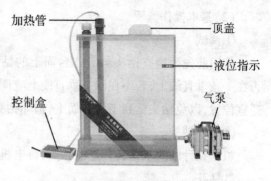

图1.15　蚀刻机

b.控制盒：显示和控制加热管工作状态。接好电源后,当控制盒按钮处于接通状态时,电源指示灯、加热指示灯同时点亮,表示加热管处于加热状态;当到达设定温度后,加热指示灯自动熄灭,表示已处于恒温,可以进行蚀刻。

c.顶盖：防止液体溅出及被污染。

d.液位指示：指示出最低液位,防止加热管干烧。

e.气泵：为液体循环流动提供气源。

（4）液体配置。

若采用环保蚀刻剂进行线路蚀刻,则按每包（190 g ± 10 g）加水650 mL配比,蚀刻温度要求控制在50～55 ℃,新液蚀刻一片约需6 min（液温为50 ℃时）,如超过45 min尚未能蚀刻完全,请换新蚀刻液。

（5）检查。

配置好液体后,接好气路运行气泵鼓气,确认气泵鼓气时液体不会溅出槽外。然后接通加热管控制盒电路,开始加热。待达到设定温度后,控制盒指示灯灭,即可进行线路蚀刻。

（6）蚀刻操作。

温度达到后,戴好防护手套,将待蚀刻板件用PP夹具夹好,浸入液体中蚀刻即可。蚀刻完毕,关闭气泵,取出板件水洗,烘干,然后进行后续工艺。

（7）注意事项。

①往槽内加液体时,液位高度控制在离槽口5～6 cm之间,保证能够完全淹没待浸入的电路板,而又不至于鼓气时使液体溢出。

②必须加好液体后,才能通电进行加热和鼓气,禁止干烧、干鼓气。

③气泵运行中,严禁开盖,以免蚀刻液喷出机外。

④使用过程中,请注意防止液体污染,否则将导致液体失效。

⑤工作时请戴好防护手套,不要用手及身体其他部位直接接触各反应槽的液体,以免加热的化学液体伤害皮肤。

⑥设备闲置时,请切断加热管及气泵电源,并将液体妥善处置。

2. 钻孔

本节以Create – MPD精密微型钻床为例,介绍经蚀刻后的电路板的手动钻孔（本过程可以选用 Create – DCD 系列数控钻铣机)。

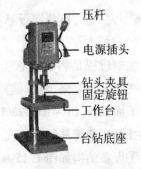

(1)设备图片及部件功能介绍(图 1.16)。

(2)基本操作流程。

①调试。

使用前先要检查钻头与工作台面上的钻头通孔圆心是否在一条垂直线上,若不在同一垂直线上应调节工作台面至适宜位置,以免钻头钻到工作台面上,损坏钻头。

②更换钻头。

图 1.16 钻床

根据设计的要求选择合适的钻头,待电机停下来后,方可更换钻头。

③钻孔。

接通电源,把 PCB 板放在工作台面上,待钻孔的孔心放在钻头的垂直线上后,左手压住 PCB 板,右手抓住压杆慢慢往下压,高精度钻床自带软开关,在压杆下压的同时,电机开始转动,当钻头把 PCB 板钻穿时,右手慢慢上抬,钻头缓缓抬起,直至钻头抬出高于 PCB 板,即完成了一次钻孔,用同样的方法,将其他孔钻完。

3. 光印制板工艺及操作流程介绍

光印制板工艺主要是紫外光对感光板的光敏特性,通过黑白底片与感光板叠合进行图形曝光,再通过显影、蚀刻、钻孔等工艺过程完成电路板制作。

基本制板流程为:钻孔(数控钻铣机)—打印底片(激光打印机)—图形曝光(曝光机)—显影(喷淋显影机)—蚀刻(喷淋蚀刻机)—涂覆导电胶(双面板需要)。

本节以科瑞特公司生产的整套光印制板设备为例,详细介绍光印制板整套工艺及操作流程。

(1)钻孔。

本环节以 Create – DCD3400 数控钻铣机操作为例,介绍电路板数控钻孔的操作方法。

①设备图片及部件功能介绍如下(图 1.17 ~ 1.19):

X + /1/▲:X 轴右移/输入数值 1/光标上移;

X – /4/▼:X 轴左移/输入数值 4/光标下移;

Y + /2:Y 轴后移/输入数值 2/加快雕刻速度;

Y – /5:Y 轴前移/输入数值 5/减慢雕刻速度;

Z + /3:Z 轴上移/输入数值 3/加快主轴运行速度;

Z – /6:Z 轴下移/输入数值 6/减慢主轴运行速度;

X/Y→0/7:将 X/Y 轴当前坐标清零/输入数值 7;

轴启/停/8:启动/停止主轴电机运转/输入数值 8;

图 1.17 Create – DCD3400 数控钻铣机

Z→0/9:将 Z 轴当前坐标清零/输入数值 9;

回原点/0:回机器原点①,输入数值0;

高速/低速:切换手动模式下 X、Y、Z 三轴移动的速度;

菜单:设置机器内的各参数;

回零点/0:回机器零点②;

速度设置:设置加工速度③、空行速度④、手动高速和手动低速的速度值;

手动步进:X、Y、Z 三轴手动调整的步进量;

确定:确定当前设置项及当前操作项;

运行/暂停/删除:运行雕刻文件/暂停雕刻进度/删除输入数值;

停止/取消:停止当前雕刻进度,取消当前设置项。

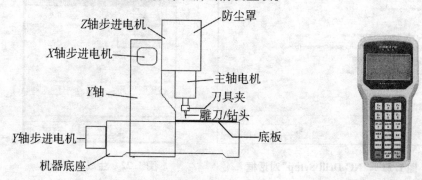

图1.18 结构图　　　　　　　图1.19 控制手柄

②基本操作流程:

a. 输出 NC Drill 文件。用 Protel99 或 DXP 软件打开需加工的 PCB 图,按下列步骤导出 Gerber 格式文件(下面以 Altium Designer Winter 09 为例)。

(a)定零点。在导出 Gerber 格式文件之前,需设置 PCB 板的最左下角(Keepoutlayer 的左下角顶点)为零点,即指定这里为机床加工的起始位置。选择 Edit→Origin→Set 设置零点,如图 1.20 所示。

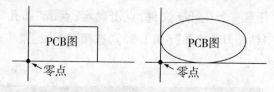

图1.20 零点示意图

(b)导出 NC Drill 文件。点击 File→Fabrication Outputs→NC Drill Files…,弹出一个"NC Drill Setup"对话框,如图 1.21 所示,选择单位和格式(和生成 Gerber 时选择的相同),点击"OK"按钮即可。

再次点击"OK"按钮(图 1.22)。

---

① 回机器原点:指 X、Y 轴向负方向,Z 轴向正方向移动至最大极限位置;

② 回机器零点:指 X、Y 轴移动到坐标 0.000 位置,Z 移动至正方向最大极限位置;

③ 加工速度:指刀具接触工件,对工件进行雕刻切削时的速度;

④ 空行速度:指刀具未接触工件,寻找加工位置时的速度。

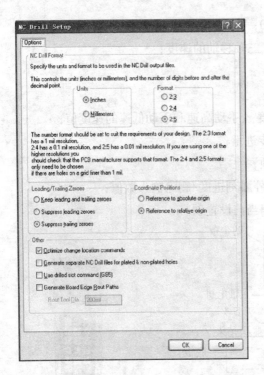

图 1.21 "NC Drill Setup"对话框

图 1.22 生成 NC Drill

打开 PCB 文件所在目录,生成的 Nc Drill 文件后缀为 txt(图 1.23)。

b. 生成钻孔文件。启动 Create - DCM 软件(图 1.24),点击"打开"按钮,指向上面生成的 Gerber 文件路径,选择任意一个 Gerber 文件,点击确定;点击"钻孔"按钮,出现"钻孔刀具选择"(图 1.25),选择底面加工。

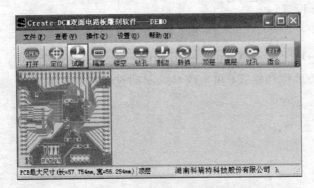

图 1.24 打开 Gerber 文件

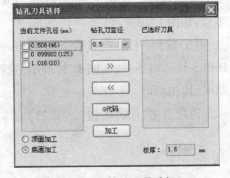

图 1.23 Gerber 和 NC Drill 文件

图 1.25 钻孔刀具选择

注意:顶面加工和底面加工的区别在于:当选择顶面加工时,钻孔是从顶层钻到底层;当选择底面加工时,钻孔是从底层钻到顶层。这里可根据需要进行设置。

根据当前文件孔径,选择好钻孔刀直径,点击"⟩⟩"按钮,输出至已选好刀具,如需重新设置钻孔刀直径,可点击"〔　《　〕"按钮重新设置;根据覆铜板的厚度修改板厚,如图 1.26 所示。

设置完钻孔刀具后,点击"G 代码",在弹出的"另存为…"框中点击保存(图 1.27,图 1.28)(在不修改路径的情况下,文件默认保存在 PCB 文件所在目录下的"×××_输出文件"文件夹中,×××为 PCB 文件名)。

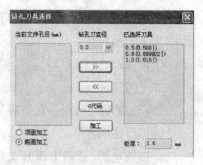

图 1.26　钻孔刀具设置

图 1.27　选择 U00 文件输出的路径

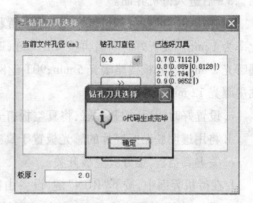

图 1.28　生成 G 代码

c. 钻孔。

(a)将敷铜板用胶布端正地贴紧在钻床工作平台上;

(b)设置零点:手动移动 *X*、*Y* 轴至敷铜板左下角,调节 *Z* 轴,距离铜板面约 0.5 mm,将该位置设定为零点;(**注意**:制板的整个流程中,只有这里需要设置零原点)

(c)设置速度:钻孔时,*X*、*Y* 轴自动默认为最大速度,不需要单独设置;

(d)主轴转速:根据钻头的大小进行调整,如钻 3.0 孔时,需要将转速调至 7 挡,其他钻头钻孔时,可根据情况设置,主轴转速可以在加工时,按"Z+/Z–"键进行调节;

(e)钻孔:将手柄用 USB 连接线连接至 PC 机,将钻孔 U00 文件发送至手柄,然后在手柄的内部文件列表里选中钻孔文件,开始钻孔加工。也可将 U00 文件发送至 U 盘,再将 U 盘插入手柄,选择 U 盘文件,指定钻孔文件开始加工。

(2)打印底片。

本环节操作过程与热转印制板工艺底片打印方法一致,在此不再赘述,但使用的底片为菲林膜,为确保底片的对比度,可适当喷上增黑剂,效果更佳。

(3)线路图形曝光。

线路图形曝光原理:将打印的底片贴合在感光板上,将板材置于曝光箱中,启动抽真空,点亮曝光灯管,底片黑色部分由于不透光,未被曝光,在后续显影环节将被冲洗掉。底片白色部分(即未打印线条部分)由于其具有较强的透光性,板材的感光材料被曝光固化,在后续显影环节将保留不被冲洗掉。注意,由于显影后需要保留线路保护层进行后续蚀刻,因此在打印底片时需要打印负片,即底片的线路部分是透光的,非线路部分打印上碳粉。

下面以 Create – DEM 曝光箱为例介绍线路图形曝光工艺及操作方法。

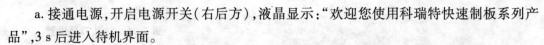

① 设备结构(图 1.29)。

② 工艺流程:

设置曝光时间→真空吸气→曝光

图 1.29　曝光箱

③ 操作说明:

a. 接通电源,开启电源开关(右后方),液晶显示:"欢迎您使用科瑞特快速制板系列产品",3 s 后进入待机界面。

b. 在待机界面中,按"SET"键,进入设置状态,按"ADD"和"SUB"键修改设定值,最小变化率为 1 min。设置好时间后再按"SET"键,返回待机界面(参考参数:100T 丝网框刷线路油墨曝光 2 min;感光板线路曝光 5 min;90T 丝网框刷阻焊油墨曝光 5 min;100T 丝网框刷字符油墨曝光 12 min)。

c. 设置好时间后,拉开抽屉,将真空板打开。

d. 将用透明胶贴好底片的感光板置于真空夹的玻璃上。

e. 关上真空板,锁好真空板开关。

f. 在待机界面中,按下"RUN"键,设备由待机变为运行。如果此时抽屉为出仓,则只开启真空吸气泵,待抽屉进仓后 UV 灯管才开始工作,并开始曝光倒计时;时间到后,关闭真空吸气泵和 UV 灯,自动进入倒计时。

g. 在曝光过程中若拉开抽屉,则曝光自动停止。

h. 静置时间到蜂鸣器报警,表示整个曝光工序完成,按任意键或拉开抽屉均可取消报警。

i. 如不再曝光,请将电源关掉,并将抽屉关闭。

j. 设备闲置时,请切断电源,以防发生事故。

(4)线路图形显影。

显影是将感光膜中未曝光部分的活性基团与稀碱溶液反应生成亲水性的基团(可溶性物质)而溶解下来,而曝光部分经由光聚合反应不被溶解,成为抗蚀层保护线路。

下面以 Create – DPM3600 自动喷淋显影机为例,介绍图形显影的工艺与操作。

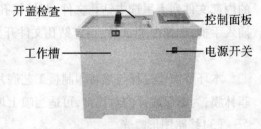

图 1.30　显影机

① 设备结构及功能说明如下(图 1.30):

a. 电源开关:主要用于控制整机的电源。

b. 控制面板:采用彩色触摸液晶屏作为人机界面,外形美观大方,操作简单便捷。主要用于设备工艺流程控制、工艺参数设置及设备状态显示。

c. 开盖检查:当处于开盖时,设备自动禁止加热和喷淋运行,以保护操作者安全。

d. 工作槽:"显影"为设备主要工作槽,用于完成显影工艺。

②操作流程如下:

a. 显影液配制。首次使用设备时,需先进行显影液配制。

打开玻璃盖及内盖,加入 20 L 水,然后倒入 200 g 显影粉,并盖好玻璃盖及内盖(溶液浓度控制在0.8% ~ 1.2%)。

b. 机器上电。接好电源线,开启电源开关,液晶显示开机界面,接着运行自检程序,自检完毕进入待机界面,如图 1.31 所示。

c. 参数设置:

(a)在待机界面,点击"设置"按钮,进入参数设置界面,如图 1.32 所示。

图 1.31 待机界面

图 1.32 参数设置界面

(b)参数设置方法:直接点击需设置的参数项,通过 ▲ 或 ▼ 按钮调整参数值。使用同样操作方法依次完成所有参数设置后,点击"退出"按钮可保存本次设定的参数,并退出设置状态,返回到待机界面。

显影参考参数:45 ℃,显影 1 min。

d. 设备运行。待机界面下,当槽内温度达到设定温度后,用内盖自带的夹具夹好板件,盖好内盖及玻璃顶盖,点击"运行"即可,如图 1.33 所示。

运行完毕,待沥水完毕,蜂鸣器报警提示,点击"停止"按钮可解除报警,然后取出板件,水洗,即完成显影工艺。

图 1.33 运行界面

(5)线路蚀刻。

蚀刻是将前道工序(曝光、显影等)做出有图形的电路板上的未受保护的非线路部分铜蚀刻去除,从而完成线路制作。蚀刻液主要有酸性、碱性、环保型三种,当前主要使用酸性或碱性蚀刻液,因为这两种液体具有蚀刻速度快、成本较低、蚀刻容量较大等特点,环保型蚀刻液速度较慢,成本较高,蚀刻容量小,一般只适合于实验室极少量 PCB 板蚀刻。酸性蚀刻与碱性蚀刻的基本原理、化学反应方程式等将在 6.4 节中详细介绍。

蚀刻时,"腐蚀"为设备主要工作槽,用于完成腐蚀工艺。

操作流程如下:

①腐蚀液配置。

首次使用设备时,需先进行腐蚀液配制。

打开玻璃盖及内盖,站在上风位,加入标准配置的腐蚀液 20 L,盖好内盖及玻璃盖。

②机器上电。

接好电源线,开启电源开关,液晶显示开机界面,接着运行自检程序,自检完毕进入待机界面,如图1.34所示。

③参数设置。

a. 在待机界面,点击"设置"按钮,进入参数设置界面(图1.35)。

图1.34 待机界面

图1.35 参数设置界面

b. 参数设置方法:直接点击需设置的参数项,通过 ▲ 或 ▼ 按钮调整参数值。使用同样操作方法,依次完成所有参数设置后,点击"退出"按钮可保存本次设定的参数,并退出设置状态,返回到待机界面。

参考参数:55 ℃,腐蚀45 s。

④设备运行。

待机界面下,当槽内温度达到设定温度后,戴好防护手套,用内盖自带的夹具夹好板件,盖好内盖及玻璃顶盖,点击"运行"按钮即可(图1.36)。

图1.36 运行界面

运行完毕,待沥水完毕,蜂鸣器报警提示,点击"停止"按钮可解除报警,然后取出板件,水洗,即完成蚀刻工艺。

注意:设备运行中,如打开玻璃顶盖,设备将停止工作。

4. 雕刻制板工艺

雕刻制板方法,是通过物理雕刻的方法,将覆铜板上非线路部分的铜箔去除,保留线路部分。该制板方法主要是集计算机技术、数控技术、精密机械技术等于一体,使用户只要将PCB图导入雕刻软件,即可自动完成线路的制作。该制板工艺具有智能化程度高、操作与过程简单等特点。

雕刻制作双面板的基本工艺流程为:钻孔—金属化孔—雕刻(正、反面分别雕刻一次)。

本节以科瑞特公司生产的整套雕刻制板设备为例,详细介绍雕刻制板整套工艺及操作流程。

(1)数控钻孔。

Create-DCM3030为自动数控钻、铣、雕一体机,即一台机器可以完成钻孔、雕刻、铣边等全部工艺,本节数控钻孔基本操作流程、方法与Create-DCD3400数控钻床一致,在此不再赘述。

（2）金属过孔。

金属过孔是在完成钻孔后，先在孔壁上沉积一层导电材料，使整个板材（包括孔）形成整个导电体，然后通过化学镀铜的方法，在孔壁及铜箔上同时镀上一层铜，使电路板两面具有电气连通性。

金属过孔的基本工艺流程为：除油与整孔—黑孔—烘干—微蚀—镀铜。下面以Create - MHM3600智能金属过孔机为例，介绍其基本工艺流程及操作方法。

设备结构及功能描述如下（图1.37）：

①控制面板：采用彩色触摸液晶屏作为人机界面，外形美观大方，操作简单便捷。主要用于设备工艺流程控制、工艺参数设置及设备状态显示。

②电源开关：用于控制整机的电源。

③工作槽："整孔""黑孔""微蚀""镀铜"等为设备主要工作槽，用于完成相应工艺流程。

图1.37 金属过孔机

④玻璃顶盖：主要用于整机的液体保护，带开盖检测功能，当设备处于开盖时，自动禁止加热和运行，以保护操作者的安全。

全自动工艺操作流程如下：

①金属过孔工艺流程：钻孔与抛光工艺—整孔—水洗—黑孔—通孔—烘干—整孔—水洗—黑孔—通孔—烘干—微蚀—镀铜—水洗—抛光—烘干。

②机器上电。

首次使用设备时，需先往各个槽内添加好相应的药液，然后接好电源线，开启电源开关，显示开机界面，接着运行自检程序，自检完毕进入待机界面，如图1.38所示。

③参数设置。

a. 在待机界面，点击"设置"按钮，进入参数设置界面，如图1.39所示。

图1.38 待机界面

图1.39 参数设置界面

b. 参数设置方法。直接点击需设置的参数项，通过▲或▼按钮调整参数值。使用同样的操作方法依次完成所有参数设置后，点击"退出"按钮可保存本次设定的参数，并退出设置状态，返回到待机界面。

各级工艺参考参数如下：整孔：50 ℃，5 min；各级市水洗30 s；黑孔：30 ℃，3 min；烘干：外置烤箱75 ℃，3 min；微蚀：25 ℃，30 s；镀铜：2 A/dm^2，20 min。

④设备运行。

待机界面下,当槽内温度达到设定温度后,戴好防护手套,用槽内盖夹具夹好板件,盖好内盖及顶盖,点击"运行"按钮即可(图 1.40)。

运行完毕,蜂鸣器报警提示,点击"停止"按钮可解除报警,然后取出板件,即可进行下一工艺。

注意:设备运行中,如打开顶盖,设备将停止工作。

⑤镀铜说明。

图 1.40 运行界面

将待镀覆铜板用电镀夹具夹好,挂在阴极(中间架)上,设置好电流大小和时间。按下"运行"按钮开始电镀,电镀完成后所有孔壁均可看见一层具有光亮铜颜色的镀层。

镀铜完成后,取出板件,水洗,抛光,烘干备用。

(3)雕刻。

设备结构及部件功能说明详见 DCD3400 钻铣机相关描述。

基本操作流程如下:

①采用镂空雕刻工艺制板,需要将 Gerber 转换成 PLT 文件,再导入 TYPE3,通过 TYPE3 生成雕刻和割边文件。

与隔离雕刻一样,首先生成钻孔和定位文件,然后将 Gerber 转换为 PLT 文件。

点击"转换"按钮,弹出"数据导出"对话框,点击顶层和底层的"导出"按钮,将顶层边框、顶层线路、底层边框和底层线路转换为 PLT 文件,如图 1.41 所示。

在不修改路径的情况下,文件默认保存在 PCB 文件所在目录下的"×××_输出文件/PLT 文件"中,×××为 PCB 文件名,如图 1.42 所示。

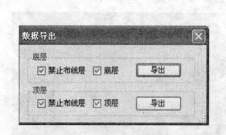

图 1.41 "数据导出"对话框

图 1.42 选择 PLT 输出路径

②PLT 文件转雕刻路径文件。

a. 导入 PLT 文件:打开 type3 软件,点击"文件"下拉菜单,选择"输入…",弹出文件导入窗口,从"查找范围"下拉菜单中选择文件路径,在图 1.43 中选中"底层禁止布线层 + 底层线路.plt"文件,点击"打开"按钮,导入底层 PLT 数据,如图 1.44 所示。

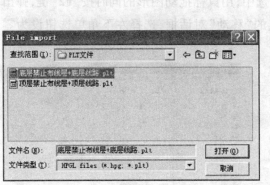

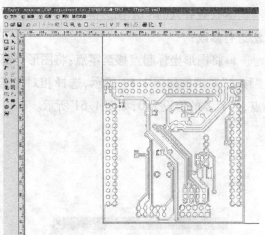

图1.43　导入底层 PLT 数据　　　　　　　图1.44　导入 PLT 数据

　　b.图形编辑(两个检查一个删除):检查有无开放的线段,鼠标左键单击空白处,使图形处于非选中状态下,按右键放大图形至合适大小;检查图形中有无红色线段,没有则跳过此步,若有,则表示有开放线段,需要将其修改成闭合线段。

　　修改方法如下:

　　(a)选中整个图形,点击"拆开"按钮;

　　(b)选择一条开放的线条,沿着线条的路径找到开口处,如图1.45所示;

　　(c)点击▶按钮,鼠标左键单击开放的线条,开口处会出现两个重叠的方框,如图1.46所示;

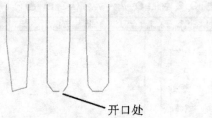

图1.45　寻找开口处　　　　　　图1.46　寻找封闭点

　　(d)两个方框表示是封闭的点,将其拖开(图1.47);

　　(e)按住"Ctrl"键点击鼠标左键,选中两个开放的点(图1.48);

　　(f)点击╄按钮,将选中的两个节点连接,连接后,导线由红色变为绿色,表示连接成功(图1.49)。

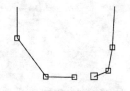 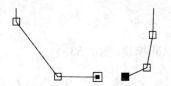 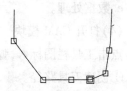

图1.47　节点连接图1　　　图1.48　节点连接图2　　　图1.49　节点连接图3

按同样的方法,将所有开放的线段全部修改成闭合线段。

③检查导入的 PLT 图形的左下角是不是在坐标 0 处。如果不在坐标 0 处,则按如下方法进行修改:

a. 将图形坐标起点移至零点:将图形全部选中,用鼠标拖动图形的同时按"F2"键,弹出"移动"对话框如图 1.50 所示,选择相对原点的"移动"对话框,选择左下角单选钮设为零点,X、Y、Z 的值设为 0,如图 1.51 所示。

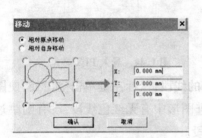

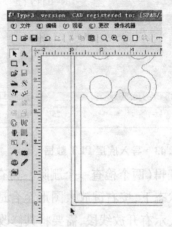

图 1.50　"移动"对话框　　　　　　　图 1.51　图形的起始坐标在坐标 0 处示意图

b. 删除内边框:点击鼠标右键将图形边框放至最大,在编辑窗口工具栏中选择"拆开"按钮,选中内边框,如图 1.52 所示,按"Delete"键删除。

图 1.52　删除内边框

c. 数据处理。

(4)打开 CAM 模块。

点击工具栏图标 ,弹出 CAM 模块(图 1.53)。

①创建刀具路径。

点击创建刀具路径快捷图标 ,弹出"创建刀具路径"对话框,如图 1.54 所示。

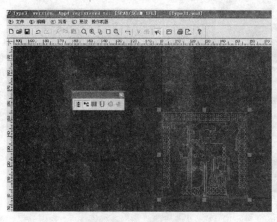

图 1.53　CAM 模块

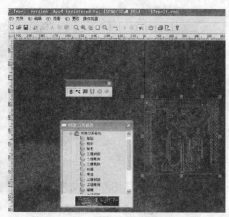

图 1.54　创建刀具路径

a. 选择二维雕刻:在可用刀具路径下双击二维雕刻图标 ，弹出如图 1.55 所示的对话框,选择"是",弹出二维雕刻参数设置窗口,如图 1.56 所示。

图 1.55　计算对话框

b. 选取刀具:在二维雕刻设置概况窗口,单击选取刀具快捷图标,弹出"选取刀具"对话框,如图 1.57 所示,选取前面创建好的刀具 0.15,30 度雕刀,点击"确定"按钮退出,并设置刀具路径参数为 0.035 mm。

图 1.56　二维雕刻设置

图 1.57　选取刀具

镂空雕刻选刀注意:在软件中选择的刀具为 0.1 mm 时,它会按 0.1 mm 生成雕刻路径,但在机器上装 0.1 的刀具雕刻时,实际走出来的路径却会大于 0.1 mm,所以在软件中设置的刀具应大于实际刀具 0.02~0.05 mm,比如机器上装 0.1 mm 的刀具,在软件里可选 0.12~0.15 mm 的刀具。

c. 设置经过参数:在设置经过参数窗口中设置分步次数为 1,覆盖选择 100%,如图 1.58 所示,点击"确定"按钮,开始生成刀路。

根据图形的复杂程度,生成刀路的时间会有所不同。

观察雕刀路径(图 1.59),经过计算后,放大图形所看到的纹路为雕刀所走路径,焊盘之间和线与线之间一定要有雕刀路径,雕刻时才能将非电气部分完全雕掉;若在观察雕刻路径时发现线与线之间或焊盘之间有连接,则设置还不正确,须参看以上所述进行设置。

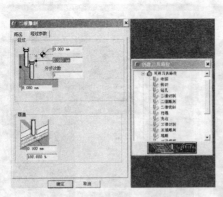

图 1.58　经过参数设置

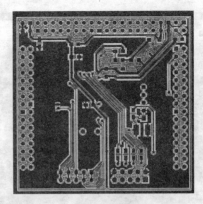

图 1.59　雕刀路径

（5）保存雕刻数据。

单击操作机器图标 ，弹出如图 1.60 所示机床工作窗口，选择文件单选钮，更改保存路径，点击"执行"按钮，即完成了雕刻数据的保存，最后将生成的 U00 文件更名为"底层雕刻.u00"文件。

（6）PLT 文件转割边路径文件。

① 生成割边文件时，将导入的图形内边框和线路删除，只剩下外边框，如图 1.61 所示。

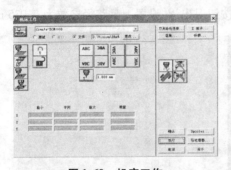

图 1.60　机床工作

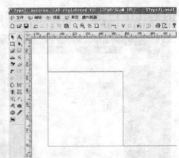

图 1.61　割边图形编辑

在选择创建刀具路径时，选择二维切割，并在刀具项里选择自定义的铣刀，刀具路径输入 2.000 mm（板厚加上 0.5 mm 的裕量），如图 1.62 所示。

经过参数设置如图 1.63 所示，点击"确定"按钮，其他步骤同生成雕刻文件一致。

最后将生成的 U00 文件重命名为"割边.u00"。

② 机器操作与使用。

a. 回原点操作：原点是指机床的机械零点，原点位置主要由各种回零检测开关的装载位置确定。回原点的意义在于确定工作坐标系同机械坐标系的对应关系。控制系统的很多功能的实现依赖于回原点的操作，如断点加工、掉电恢复等功能，如果没有回原点操作，上述功能均不能实现。

b. 加工文件存储：加工文件可存储至 U 盘，也可将加工文件直接发送到手柄内存，操作方法是：将手柄与 PC 机通过 USB 电缆连接，PC 机上会发现一个"科瑞特"的磁盘，将加工文件直接发送至该磁盘即可（图 1.64）。

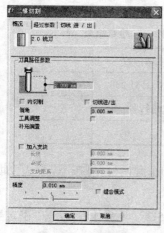

图 1.62　二维切割

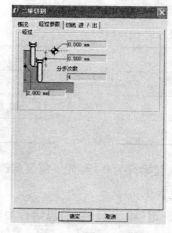

图 1.63　设置经过参数

图 1.64　存储

c. 设置工件原点:按下"X+""X-""Y+""Y-""Z+""Z-"键,移动 X、Y、Z 三轴到指定位置(注:按键长按则快速移动,短按则按手动步进量移动),再按"XY→0"键和"Z→0"键清零以确定工件原点(见表 1.1)。

(a)手动步进量设置:按下"手动步进"键可设置手动步进量,重复按下该键,步进量在"1.000,0.500,0.100,0.050,0.010,0.005"之间切换(见表 1.2)。

表 1.1　手动步进量设置 1

X	0.000	手动
Y	0.000	S4
Z	0.000	高速
待机		

表 1.2　手动步进量设置 2

X	1.000	手动
Y	0.000	S4
Z	0.000	高速
手动步进		1.000

(b)手动模式速度切换:按下"高速/低速"键,可切换手动模式下 X、Y、Z 移动的速度(见表 1.3)。

(c)设置速度参数:按下"速度设置"键,可查看和设置加工速度、空行速度、手动高速和手动低速的速度值。

(d)开启和关闭主轴:按下"轴启/停",可启动和停止主轴。

(e)运行加工代码:按"运行"键,出现"选择文件"项,移动光标选择读取的磁盘(见表 1.4)。

表 1.3　移动速度设置

X	1.000	手动
Y	0.000	S4
Z	0.000	低速
待机		1.000

表 1.4　文件设置

请选择内部文件
内部文件
U 盘文件

按"确定"键进入 U 盘文件列表或内部文件列表。按"X+"和"X-"键移动光标至目标文件,再按"确定"键开始校验加工文件(见表 1.5)。

校验成功,显示代码属性(见表1.6)。

表1.5 文件检查进度

正在检查加工代码	
进度:35.42%	
进度:35.42%	

表1.6 检查结果

加工文件总行数
581 238
加工起始行号
0

按"确定"键开始加工,默认起始行为0行,如果需要修改加工起始行,可按下"X –",此时加工起始行处于选中状态(见表1.7)。

输入数值(见表1.8),按"确定"键,设置加工起始行为125行(见表1.9)。按"确定"键,从文件第125行开始加工。

表1.7 加工开始

加工文件总行数
581 238
加工起始行号
0

表1.8 加工进程1

加工文件总行数
581 238
加工起始行号
125

(f)实时调整加工速度:加工过程中,按"Y +""Y –"键更改加工速度。

(g)实时调整主轴速度:按"Z +""Z –"键更改主轴速度。

(h)微调雕刻深度:加工过程中,按"暂停"键可调整 Z 轴的位置,Z 轴抬落量可按"手动步进"键来设置,调整完毕,按"暂停"时从新位置开始加工。

(i)微调雕刻位置:加工过程中,如发现孔位与雕刻的路径对不上,按"暂停"键可调整 X、Y 轴的位置,"X、Y"轴移动量可按"手动步进"键来设置,调整完毕,按"暂停"键时从新位置开始加工。

(j)断点保存:加工过程中,按"停止"键停止加工,提示"中止当前进程?"(见表1.10)。

表1.9 加工进程2

加工文件总行数
581 238
加工起始行号
125

表1.10 终止进程

X	1.000	运行
Y	125.621	F4
Z	– 0.075	
中止当前行程?		

按"取消"键,恢复加工,按"确定"键中止当前进程,提示"是否保存断点?",如需要保存断点,则按"确定"键,否则按"取消"键。

(k)断点加工:如果上一次有文件没有加工完,并且保存了断点,则按"运行"键,会出现恢复断点选项(见表1.11)。按"确定"键,显示断点文件属性(见表1.12)。按"确定"键,显示加工属性(见表1.13)。

表 1.11　恢复断点

请选择内部文件	
内部文件	
U 盘文件	
恢复断点	

表 1.12　断点属性

文件总行数	
581 238	
断点处行号	
125	

表 1.13　重新开始加工起始位置

加工文件总行数	
581 238	
加工起始行号	
125	

同样的,如果需要修改起始行,则按下"X－"键,选中加工起始行号,按"确定"键即可。

最后,按"确定"键,开始加工。

(l)掉电加工:掉电加工功能需要在"加工功能选项"中的"掉电恢复设置"中设置为有效;掉电恢复模式有"手动恢复断点"和"自动恢复断点"可选择。

ⓐ手动恢复断点。在加工过程中,如果发生掉电情况,控制系统会自动保存。

未加工完的数据,在重新上电后,屏幕提示"是否掉电恢复"(见表 1.14)。

按"确定"键恢复上次的原点,按"取消"键不恢复,直接回原点;按"运行"键,选择恢复断点,即从断点文件开始加工。

ⓑ自动恢复断点。重新上电后,屏幕提示"是否掉电恢复",按"确定"键自动从断点行加工。

(m)缓存文件加工:当选择 U 盘或内部文件后,系统开始校验 G 代码,并存放缓存区,当同一个文件需要重复加工时,可选择缓存文件,则不对同一文件进行重复校验(见表 1.15)。

表 1.14　掉电恢复

是否恢复上次掉电时的断点	
按确定键恢复	
按取消键不恢复	

表 1.15　缓存文件加工

请选择内部文件	
内部文件	
U 盘文件	
缓存文件	

(n)加工状态显示:加工开始后,系统将会实时显示加工中的状态,如加工进度百分比、实时加工速度和文件执行的行号。

③刀具安装。

a.将雕刻刀装入夹头,先用手拧紧,再用扳手拧紧。

b.把主轴电机调在低速挡,打开电机电源开关,让雕刻刀旋转起来,看一下刀尖是否同不旋转时一样尖,若比较粗,则说明刀安装偏离中心点,需重装。或开启电机将雕刀落下(与手动对刀方法相似),在双色板上刻一条细线,观察是否又光又细,否则重复装刀直到装正为止。

④对刀。

手动对刀：长按"Z－"键向下落刀，当刀快接近板面时，断续按"Z－"键，手动步进键选用步进的抬落量，继续向下落刀，如距板距离不足 0.1 mm 时将步进值设为 0.01 mm，继续调整，直到刀尖正好接触板面并刺破铜皮。在工作时，也可适时调整雕刻深度，以达到理想效果。

注意：ⅰ 对刀的目的是使雕刻机加工工件时更精准且工件更美观；ⅱ 通常情况下只需对刀一次，在更换刀具或更换加工工件后需要重新对刀。

冷却方法：对于高转速切割易熔化材料时，使用水冷却。

⑤雕刻。

a. 贴板：将铜板上定位孔与机床 PVC 上的四个孔重合，并用胶布贴好，注意一定要贴平、贴紧，按"回零点"键将雕刀移至机床零点位置，重新对刀。

b. 设置速度：

（a）加工速度：雕刻 PCB 时，典型的速度值为 0.6～1.2 m/min，建议不要超过1.5 m/min，否则会影响雕刻效果。

（b）主轴转速：设置成 7 挡。

c. 雕刻：雕刻过程中，如发现雕刻位置与实际位置有偏差，可按"暂停"键，进行手动调整。待顶层雕刻完之后，将 PCB 板翻过来，采用同样的方法将敷铜板与机床 PVC 上的四个定位孔重合，用胶布贴好，无需改变和设置零点，直接用手柄打开底层雕刻文件，按雕刻顶层的方法进行操作。

雕刻时，贴覆铜板的小窍门：

由于覆铜板本身可能存在一定翘曲度，或者没有贴平，会影响覆铜板的平整度，导致雕刻出来的线路深浅不一，在选用铜板时，需要手工将覆铜板校正，并刷光，然后将覆铜板上贴满强力双面胶，粘贴好后，用橡皮锤轻捶，使其紧贴于机床的底板上。

 考核评价 **与** 技能训练

1. 什么是印制电路板？
2. 印制电路板的制造工艺有哪些，各有什么优点？
3. 常见简易 PCB 制板工艺与方法有哪些？
4. 请写出热转印制板、雕刻制板的工艺流程。
5. 使用 Create－SHP 制作一块单面板。
6. 使用 Create－DCM3030 雕刻一块双面电路板。

第 2 章 印制电路基板材料

1. 了解基板材料的作用及发展历史。
2. 理解常用基板材料的分类及特性。

2.1 基板材料的作用与发展历史

1. 基板材料在印制电路板中的作用

单、双面印制电路板在制造中,其基板材料为铜箔层压板,其印制电路板制作为有选择地进行孔加工、化学镀铜、电镀铜、蚀刻等加工,得到所需电路图形。

在多层印制电路板的制造中,也是以内芯薄型覆铜箔板为底基,将导电图形层与半固化片交替地经一次性层压黏合在一起,形成三层以上导电图形层间互连。因此,作为印制电路板制造中的基板材料,无论是覆铜箔板还是半固化片在印制电路板中都起着十分重要的作用。它具有导电、绝缘和支撑三个方面的功能。印制电路板的性能、质量、制造中的加工性、制造成本、制造水平等,在很大程度上取决于基板材料。

2. 基板材料的发展历史

基板材料技术与生产,已历经半个世纪的发展,其整个发展过程被电子整机产品、半导体制造技术、电子安装技术、印制电路板技术的革新发展所驱动。

自 1943 年用酚醛树脂基材制作的覆铜箔板开始进入实用化以来,基板材料的发展非常迅速。1959 年,美国得克萨斯仪器公司制作出第一块集成电路,对印制板提出了更高的高密度组装要求,进而促进了多层板的产生。1961 年,美国 Hazeltine Corpot Ation 公司成功开发出多层板金属化通孔工艺技术。1977 年,BT 树脂实现了工业化生产,给世界多层板发展又提供了一种高 T_g(T_g 为玻璃化温度)的新型基板材料。

1990 年日本 IBM 公司公布了用感光树脂作绝缘层的积层法多层板新技术,1997 年,包括积层多层板在内的高密度互连的多层板技术走向发展成熟期。与此同时,以 BGA、CSP 为典型代表的塑料封装基板有了迅猛的发展。20 世纪 90 年代后期,一些不含溴、锑的绿色阻燃新型基板迅速兴起,走向市场。

我国基板材料业经 40 多年的发展,目前已形成大规模生产模式,其中纸基覆铜板的产量已跻身世界第三位。但是在技术水平、产品品种,特别是新型基板的发展上,与国外先进水平相比还存在相当大的差距。

2.2 常用印制电路板基材分类及特性

电子信息工业的飞速发展,使电子产品向小型化、功能化、高性能化、高可靠性方向发展。从 20 世纪 70 年代中期的一般表面安装技术(SMT),到 90 年代的高密度互连表面安装技术(HDI),以及近年来出现的半导体封装、IC 封装技术等各种新型封装技术的应用,电子安装技术不断向高密度化方向发展。同时高密度互连技术的发展推动 PCB 也向高密度方向发展。安装技术和 PCB 技术的发展,使作为 PCB 基板材料的覆铜板技术也在不断进步。

专家预测,世界电子信息产业未来 10 年年均增长率为 7.4%,2010 年世界电子信息产业市场达 3.4 万亿美元,其中电子整机为 1.2 万亿美元,而通信设备和计算机占其中的 70% 以上,达 0.86 万亿美元。由此可见,作为电子基础材料的覆铜板的巨大市场不但会继续存在,而且正以 15% 的增长率在不断发展。覆铜板行业协会发布的相关信息表明,今后五年,为了适应高密度的 BGA 技术、半导体封装技术等,高性能薄型化 FR－4、高性能树脂基板等的比例将越来越大。

覆铜板(CCL)作为 PCB 制造的基板材料,对 PCB 主要起互连导通、绝缘和支撑的作用,对电路中信号的传输速度、能量损失、特性阻抗等有很大的影响,因此 PCB 的性能、品质、制造中的加工性、制造水平、制造成本以及长期的可靠性、稳定性等在很大程度上取决于覆铜板材料。

覆铜板技术与生产走过了半个多世纪的发展历程,现在全世界覆铜板年产量已超过 3 亿平方米,覆铜板已经成为电子信息产品基础材料中的一个重要组成部分。覆铜板制造行业是一个朝阳行业,它伴随着电子信息、通信业的发展,具有广阔的前景,其制造技术是一项多学科相互交叉、相互渗透、相互促进的高新技术。电子信息技术发展的历程表明,覆铜板技术是推动电子工业飞速发展的关键技术之一。

我国覆铜板(CCL)业在未来发展战略中的重点任务,具体到产品上,应在五大类新型 PCB 用基板材料上进行努力,即通过在五大类新型基板材料的开发与技术上的突破,使我国 CCL 的尖端技术有所提升。以下所列的这五大类新型高性能的 CCL 产品的开发,是我国覆铜板业的工程技术人员在未来的研发中所要关注的重点课题。

1. 无铅兼容覆铜板

在欧盟的 2002 年 10 月 11 日会议上,通过了两个环保内容的"欧洲指令",它们于 2006 年 7 月 1 日起正式全面实施。两个"欧洲指令"是指"电气、电子产品废弃物指令"(简称 WEEE)和"特定有害物质使用限制令"(简称 RoHs),在这两个法规性的指令中,都明确提到了要禁止使用含铅的材料,因此,尽快开发无铅覆铜板是应对这两个指令的最好办法。

2. 高性能覆铜板

这里所指的高性能覆铜板,包括低介电常数(D_k)覆铜板、高频高速 PCB 用覆铜板、高耐热性覆铜板、积层法多层板用各种基板材料(涂树脂铜箔、构成积层法多层板绝缘层的有机树脂薄膜、玻璃纤维增强或其他有机纤维增强的半固化片等)。今后几年间,在开发这一类高性能覆铜板方面,根据预测未来电子安装技术的发展情况,应该达到相应的性能指标值。

3. IC 封装载板用基板材料

开发 IC 封装载板(又称为 IC 封装基板)所用的基板材料,是当前十分重要的课题,也是发展我国 IC 封装及微电子技术的迫切需要。随着 IC 封装向高频化、低消耗电能化方向发展,IC 封装基板在低介电常数、低介质损失因数、高热传导率等重要性能上将得到提高。今后研究开发的一个重要的课题是基板的热连接技术与热散出等有效的热协调整合。

为确保 IC 封装在设计上的自由度和新 IC 封装技术的开发,开展模型化试验和模拟化试验是必不可缺的。这两项工作,对于掌握 IC 封装用基板材料的特性要求,即对它的电气性能、发热与散热的性能、可靠性等要求的了解和掌握是很有意义的。另外,还应该与 IC 封装的设计业进一步沟通,以达成共识。将所开发的基板材料的性能及时提供给整机电子产品的设计者,以使设计者能够建立准确、先进的数据基础。

IC 封装载板还需要解决与半导体芯片在热膨胀系数上不一致的问题。即使是适于微细电路制作的积层法多层板,也存在着绝缘基板在热膨胀系数上普遍过大(一般热膨胀系数在 $60 \times 10^{-6} \text{℃}^{-1}$)的问题。而基板的热膨胀系数达到与半导体芯片接近的 $6 \times 10^{-6} \text{℃}^{-1}$ 左右,确实对基板的制造技术是个"艰难的挑战"。

为了适应高速化的发展,基板的介电常数应该达到 2.0,介质损失因数能够接近 0.001。为此,超越传统的基板材料及传统制造工艺界限的新一代印制电路板,预计未来会出现。而技术上的突破,首先是在使用新的基板材料上的突破。

预测 IC 封装设计、制造技术今后的发展,对它所用的基板材料有更严格的要求。这主要表现在:①与无铅焊剂所对应的高 T_g 性。②达到与特性阻抗所匹配的低介质损失因数。③与高速化所对应的低介电常数(ε 应接近 2)。④低的翘曲度性(对基板表面的平坦性的改善)。⑤低吸湿性。⑥低热膨胀系数,使热膨胀系数接近 $6 \times 10^{-6} \text{℃}^{-1}$。⑦IC 封装载板的低成本性。⑧低成本性的内藏元器件的基板材料。⑨为了提高耐热冲击性,而在基本的机械强度上进行改善。适于温度由高到低变化循环而不降低性能的基板材料。⑩达到低成本性、适于高温回流焊绿色型基板材料。

4. 覆铜板所用材料的新发展

这里所说的特殊功能的覆铜板主要是指金属基(芯)覆铜板、陶瓷基覆铜板、高介电常数板、埋置无源元件型多层板用覆铜板(或基板材料)、光-电线路基板用覆铜板等。开发、生产这一类覆铜板,不仅是电子信息产品新技术发展的需要,而且还是发展我国宇航、军工的需要。

5. 高性能挠性覆铜板

自大工业化生产挠性印制电路板(FPC)以来,它已经历了三十几年的发展历程。20 世纪 70 年代,FPC 开始迈入了真正工业化的大生产。发展到 80 年代后期,由于一类新的聚酰亚胺薄膜材料的问世及应用,使 FPC 出现了无黏结剂型的 FPC(一般将其称为"二层型 FPC")。进入 90 年代,开发出与高密度电路相对应的感光性覆盖膜,使得 FPC 在设计方面有了较大的转变。由于新应用领域的开辟,它的产品形态的概念又发生了不小的变化,其中把它扩展到包括 TAB、COB 用基板的更大范围。在 90 年代的后半期所兴起的高密度 FPC 开始进入规模化的工业生产,它的电路图形急剧向更加微细程度发展,高密度 FPC 的市场需求量也在迅速增长。

目前世界上年生产 FPC 的产值达到 30~35 亿美元。近几年来,世界的 FPC 的产量在不断增长。它在 PCB 中所占的比例也逐年增加。在美国等国家,FPC 占整个印制电路板产值的比例目前已达到 13% ~16% ,FPC 越来越成为 PCB 中一类非常重要的且不可缺少的品种。

我国在挠性覆铜板方面,无论是在生产规模上,还是在制造技术水平及原材料制造技术上,都与世界先进国家、地区存在着很大差距,这种差距甚至比刚性覆铜板更大。覆铜板技术与生产的发展与电子信息工业,特别是与 PCB 行业的发展是同步的、不可分割的。这是一个不断创新、不断追求的过程,覆铜板的进步与发展,也受到电子整机产品、半导体制造技术、电子安装技术、PCB 制造技术的革新发展所驱动,在这种情况下,共同进步、同步发展就显得尤为重要。

目前,印制电路板基板的材料较多,其对应的功能和类别也较为复杂,详见表 2.1。

表 2.1 印制电路板基板材料基本分类表

分类	材质	名称	代码	特征
刚性覆铜薄板	纸基板	酚醛树脂覆铜箔板	FR-1	经济性,阻燃
			FR-2	高电性,阻燃(冷冲)
			XXXPC	高电性(冷冲)
			XPC 经济性	经济性(冷冲)
		环氧树脂覆铜箔板	FR-3	高电性,阻燃
		聚酯树脂覆铜箔板		
	玻璃布基板	玻璃布–环氧树脂覆铜箔板	FR-4	
		耐热玻璃布–环氧树脂覆铜箔板	FR-5	G11
		玻璃布–聚酰亚胺树脂覆铜箔板	GPY	
		玻璃布–聚四氟乙烯树脂覆铜箔板		
复合材料基板	环氧树脂类	纸(芯)–玻璃布(面)–环氧树脂覆铜箔板	CEM-1,CEM-2	(CEM-1 阻燃);(CEM-2 非阻燃)
		玻璃毡(芯)–玻璃布(面)–环氧树脂覆铜箔板	CEM3	阻燃
	聚酯树脂类	玻璃毡(芯)–玻璃布(面)–聚酯树脂覆铜箔板		
		玻璃纤维(芯)–玻璃布(面)–聚酯树脂覆铜板		
特殊基板	金属类基板	金属芯型		
		金属芯型		
		包覆金属型		
	陶瓷类基板	氧化铝基板		
		氮化铝基板	AIN	
		碳化硅基板	SIC	
		低温烧制基板		
	耐热热塑性基板	聚砜类树脂		
		聚醚酮树脂		
	挠性覆铜箔板	聚酯树脂覆铜箔板		
		聚酰亚胺覆铜箔板		

2.3　新型柔性电路板技术

1. 柔性电路板简介

柔性印制电路板（Flexible Printed Circuit Board）又称"软板"，是用柔性的绝缘基材制成的印制电路。

柔性印制电路板有单面、双面和多层板之分。所采用的基材以聚酰亚胺覆铜板为主。此种材料耐热性高、尺寸稳定性好，与兼有机械保护和良好电气绝缘性能的覆盖膜通过压制而成最终产品。双面、多层印制电路板的表层和内层导体通过金属化实现内外层电路的电气连接。

柔性电路板的功能可区分为四种，分别为引线路（Lead Line）、印制电路（Printed Circuit）、连接器（Connector）以及多功能整合系统（Integration of Function），其用途涵盖了计算机、计算机周边辅助系统、消费性民生电器及汽车等范围。

2. 柔性电路板的种类

（1）单面板。

采用单面 PI 敷铜板材料于线路完成后，再覆盖一层保护膜，形成一种只有单层导体的软性电路板。

（2）普通双面板。

使用双面 PI 板敷铜板材料于双面电路完成后，两面分别加上一层保护膜，成为一种具有双层导体的电路板。

（3）基板生成单面板。

在用纯铜箔材料印制电路板的过程中，分别在先后两面各加一层保护膜，成为一种只有单层导体但在电路板的双面都有导体露出的电路板。

（4）基板生成双面板。

使用两层单面 PI 敷铜板材料中间辅以在特定位置开窗的黏结胶进行压合，成为在局部区域压合、局部区域两层分离结构的双面导体电路板以达到在分层区具备高挠曲性能的电路板。

3. 柔性电路板的优点和缺点

（1）优点。

①可以自由弯曲、卷绕、折叠，可依照空间布局要求任意安排，并在三维空间任意移动和伸缩，从而达到元器件装配和导线连接的一体化。

②利用 FPC 可大大缩小电子产品的体积和质量，适用电子产品向高密度、小型化、高可靠方向发展的需要。因此，FPC 在航天、军事、移动通信、笔记本式计算机、计算机外设、PDA、数字相机等领域或产品上得到了广泛的应用。

③FPC 还具有良好的散热性和可焊性以及易于装连、综合成本较低等优点，软硬结合的设计也在一定程度上弥补了柔性基材在元件承载能力上的略微不足。

（2）缺点。

①一次性初始成本高。由于软性PCB是为特殊应用而设计、制造的，所以开始的电路设计、布线和照相底版所需的费用较高。除非有特殊需要应用软性PCB外，通常少量应用时，最好不采用。

②软性PCB的更改和修补比较困难。软性PCB一旦制成后，要更改必须从底图或编制的光绘程序开始，因此不易更改。其表面覆盖一层保护膜，修补前要去除，修补后又要复原，这是比较困难的工作。

③尺寸受限制。软性PCB在尚不普及的情况下，通常用间歇法工艺制造，因此受到生产设备尺寸的限制，不能做得很长、很宽。

④操作不当易损坏。装连人员操作不当易引起软性电路的损坏，其锡焊和返工需要专门的人员操作。

4. 双面柔性电路板生产工艺

柔性印制板的形态多种多样，即使都是单面结构，其覆盖膜、增强板的材料与形状不同，工序也会发生很大变化。看上去简单的单面柔性电路板，也许会有20多个基本工序。双面柔性电路板有两个导电层，可以获得更高的封装密度。双面柔性电路板目前在磁盘驱动器中应用很多。

普通的有增强板的金属化孔双面柔性电路板的通用制造工艺流程为：开料—钻导通孔—孔金属化—铜箔表面的清洗—抗蚀剂的涂布—导电图形的形成—蚀刻、抗蚀剂的剥离—覆盖膜的加工—端子表面电镀—外形和孔加工—增强板的加工—检查—包装。

 考核评价 **与** 技能训练

1. 常用印制电路板基材分类及特性是什么？

2. 常用印制电路板基材厚度和铜箔厚度为多少？

第3章 工程文件处理与底片制作

学习目标

1. 掌握工程文件的检查与处理。
2. 掌握底片的制作技能。

3.1 工程文件处理

工程文件的处理是 PCB 设计者与 PCB 生产加工之间的桥梁。因此,在 PCB 下料生产之前,需要检查 PCB 设计中存在的问题以及不适于 PCB 设备生产加工的问题,同时需要为 PCB 制造提供钻铣数据,线路、阻焊、字符等菲林,AOI 数据,测试数据,图形电镀面积等。

1. 确定 PCB 加工的基本要求

(1)板材要求:包括板材类型,如 FR-4、CEM3、CEM1 等;有无 ROHS 要求的特殊板材;板材厚度,如0.4 mm、0.6 mm、0.8 mm、1.0 mm、1.2 mm、1.6 mm、2.0 mm、2.5 mm、3.0 mm;铜箔厚度,如0.5 OZ(约 18 μm 厚)、1 OZ(约 35 μm 厚)、2 OZ(约 70 μm 厚)。

(2)工艺要求:包括板层数,如单面板、双面板、四层板、六层板等;孔铜要求,如最小孔铜厚 18 μm,最大孔铜厚 25 μm;阻焊颜色,如绿色(常用)、蓝色、红色、黑色、紫色、白色等;字符颜色,如白色(常用)、黑色等。

2. 工程文件检查与处理

线宽与线距,一般不小于 6 mil(1 mil = 0.025 4 mm);图形距边距离,一般不小于 6 mil;V-CUT图形距边,一般不小于 10 mil;覆铜网格大小,一般不小于 8 mil;无短路、断路现象;器件孔环宽,一般不小于 0.25 mm;过孔环宽,一般不小于 0.15 mm;添加项目,如特殊编码与代码、定位孔、测试孔等;过孔是否漏焊;部分线路需漏锡;过孔阻焊测试点需漏锡;字符最小线宽(一般不小于 6 mil)与高度(一般不小于 30 mil);检测字符漏缺、移位等。

3. 工程文件处理的注意事项

由于现行 PCB 设计软件的种类及版本很多,故需要对设计者提供的 PCB 文件和 GER-BER 文件进行仔细检查。

(1)拼版时需要注意成品单元尺寸、板件外形形状、外形加工方式、表面处理方式、层数、完成板厚、特殊加工要求等。

(2)钻孔特殊处理应注意以下几方面:

①半孔程序的处理:成品板边的半金属化孔工艺在 PCB 加工中已经是成熟工艺,但在如何控制板边半金属化孔成型后的产品质量,如孔壁铜刺翘起、残留一直是机械加工过程中的

一个难题。这类板边有整排半金属化孔的 PCB,其特点是个体比较小,大多用于载板上,作为一个母板的子板,通过这些半金属化孔与母板以及元器件的引脚焊接到一起。所以如果这些半金属化孔内残留有铜刺,在插件厂家进行焊接时,将导致焊脚不牢、虚焊,严重的会造成两引脚之间桥接短路。对此类问题工程处理时需特殊注意,首先,在处理线路图形时,将需要处理为半孔的焊盘做出隔离来,进行铣程序时注意铣刀方向。

②超长板子钻铣程序的处理:当板子长度超出钻铣床设备台面时,可对钻铣程序进行分节处理,以达到进行钻铣板子的目的。

(3)蚀刻补偿问题:除进行常规补偿外,需要注意密集线和孤立线的补偿区别。密集线和孤立线在电镀和蚀刻时存在工艺加工的区别,在补偿时,需要根据具体的设备等工艺情况进行加粗,一般孤立线在正常补偿的基础上,还需要额外进行加粗。

(4)AOI 检测问题:使用 AOI 设备是将扫描的图像与生产版图的电子文件进行比对,在实际生产中容易出现误判问题,工程处理时,应多加注意。

3.2 底片制作

1. 底片打印输出

以 HP5200LX(或 M401d)为例介绍打印输出底片的方法。

2. 菲林光绘输出

菲林胶片由保护膜、乳剂层、结合膜、片基和防光晕层组成,主要成分是银盐类感光物质、明胶和色素等。在光的作用下银盐可以还原出银粒子,但又不溶解于水,因此可以使用明胶使之成为悬浮状态,并涂布在片基上,乳剂中同时含有色素起增感作用。而后通过光化作用得到曝光底片。

(1)菲林冲洗。

底片曝光后即可进行冲洗,不同底片有不同的冲洗条件,在使用前,应仔细阅读底片的使用说明,以确定正确的显影液和定影液配方。

底片的冲洗过程如下:

①曝光成像:即底片曝光后,银盐还原出银粒子,但这时在底片上还看不到图形,称为潜像。

②显影:即将经光照后的银盐还原成黑色银粒。手工冲片显影时将经过曝光的银盐底片均匀浸入显影液中,由于用于印制板生产的银盐底片的感光速度较低,因此可以在安全灯下监视显影过程,但灯光不宜过亮,避免造成底片跑光。当底片正反两面黑色影像的颜色深度一致时,即应停止显影。将底片从显影液中取出,用水冲洗或用酸性停影液冲洗后即可放入定影液中定影。显影液的温度对显影速度的影响非常大,温度越高,显影速度越快。较为合适的显影温度为 18 ~ 25 ℃。机器冲片显影过程则由自动冲片机自动完成,注意药水的浓度配合比。通常机器冲片的显影药水的浓度比为 1:4,即 1 量杯容积的显影药水用 4 量杯容积的清水勾兑均匀。

③定影:即是将底片上没有还原成银的银盐溶解掉,以防止这部分银盐再曝光后影响底

片图像。手工冲片定影时间是在底片上没有感光部分透明以后,再加一倍的时间。机器冲片定影过程也由自动冲片机自动完成,药水浓度配合比可略浓于显影药水,即1量杯容积的定影药水用3量杯半左右容积的清水勾兑均匀。

④水洗:定影后的底片粘有硫代硫酸钠等化学药品,如果不冲洗干净,底片会变黄失效。手工冲片通常用流水冲洗15~20 min为宜。机器冲片水洗烘干过程由自动冲片机自动完成。

⑤风干:手工冲片后的底片还应置于阴凉干燥处风干后妥善保存。

⑥上述过程,注意不要划伤底片,同时不要将显影液、定影液这类化学药水溅到人体及衣物上。

(2)菲林检验。

菲林的检测一般采用目检。

①外观检验。菲林的外观检验一般不用放大,目检应定性检查菲林的标记、外观、工艺质量和图形等。目检应用肉眼(标准视力、正常色感)在最有利的观察距离和合适的照明下,不用放大进行检验。合格的底片应是经过精细加工和处理的,外观平整、无褶皱、破裂和划痕,且清洁、无灰尘和指纹。

②细节和细节的尺寸检验。细节检验时一般使用线性放大约10倍或者100倍以上、带有测量刻度并可以进行读数的专用光学仪器,检查是否有导线缺陷(如针孔和边缘缺口等)和导线间是否有脏点,并且仪器的测量误差不应大于5%,在检验大于25 mm距离的尺寸时,可以使用带有精密刻度的网格玻璃板。

③光密度的检验。光密度指透射光密度,检验时可用普通光密度计测量透明部分和不透明部分,测量直径为1 mm。要求不高时可用目测比较法检验,检验时将透明与不透明部分与一张标准中灰色复制底版或灰色定标复制底版进行比较。

④菲林的简单检验可以通过同一PCB设计文件的线路、阻焊和字符菲林的吻合度观察比较来进行,吻合程度应与文件观察基本一致。注意在此过程中不要用手直接触摸菲林,以免指甲划伤菲林,并在菲林上留下灰尘和指纹。

(3)菲林的保管。

长期以来,菲林的尺寸稳定性一直是困扰PCB生产的难题。环境温度和相对湿度是影响菲林尺寸变化的两个主要因素,菲林尺寸偏差的变化大部分是由环境温度和相对湿度决定的。总偏差中受环境温度和相对湿度影响的偏差与底片的尺寸成正比,尺寸越大,偏差越大。通过对环境温度和相对湿度的控制,就能够起到控制菲林变形的作用。保证环境温度和相对湿度的稳定,就在很大程度上保证了菲林尺寸的稳定。厚胶片(0.175~0.25 mm)对环境变化的敏感程度比薄胶片(0.1 mm)要小一些。另外,菲林的保存和运输对菲林底片尺寸的影响也非常大。未开封的原装菲林底片,应保持在相对湿度为50%,温度为20 ℃的条件下储存和运输。使用菲林以前,将密闭封口打开,去除内层包装,使之与环境温度接触一段时间。菲林光绘、冲片后,也应尽快用特殊薄膜纸包裹后置于干燥的特制尺寸塑料袋中保存和运输。绝对禁止将菲林直接置于高温潮湿环境中,更不允许对菲林进行弯曲、折叠和拉伸等破坏性操作。现在对印制板精度要求越来越高,密度越来越大,菲林底片稍有变形,就可能在生产时导致错位、缺口。所以,应尽可能保证菲林在运输、生产、储存和使用中有良好的环境,减少温度、湿度的变化,确保菲林尺寸的稳定性。否则菲林尺寸的变化将成为提高 PCB 产品质量的一大障碍。

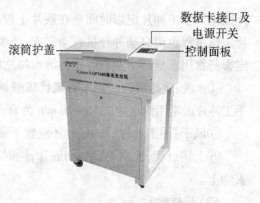

图 3.1　Create – LGP1600 激光光绘机

3. 激光光绘底片

以 Create – LGP1600 激光光绘机为例,介绍光绘底片绘制方法。

(1)功能说明(图 3.1)。

①滚筒护盖:吸附底片前,向上掀开即可;底片吸附好后,盖上。

②控制面板:用于设备控制、参数设置及设备状态指示。

③数据卡接口及电源开关:位于设备后部,用于数据通信及电源控制。

(2)软件安装。

①将随机附带的数据卡安装在计算机主板的 PCI 插槽中,并将数据线标有"机"标识的一端接在光绘机上,标有"卡"标识的一端接在数据卡上。

②运行随机附带的安装光盘,将其中的全部文件复制到硬盘备份。

③双击 GrSetup7.797.exe,根据提示完成安装,安装完成后,用鼠标右键单击桌面 grcad 图标,选中属性,在弹出的对话框中单击"查找目标",运行文件列表中的 grdriver.exe,等待 10 s,即完成本步安装。

④双击 Setup3.604.exe 运行,在弹出的"安装密码"对话框中输入密码:wande,根据提示完成软件安装。

⑤复制 work 文件夹下的 GRBase.dll 与 wd2000.exe 文件,粘贴到光绘系统目录下(用鼠标右键单击桌面 wd2000 图标,选中属性,在弹出的对话框中单击"查找目标"),覆盖原来的文件即可。

(3)软件使用说明。

①参数设置。安装完软件后,在首次使用时,还需进行参数设置。启动光绘软件,执行"光绘/光绘输出设置",弹出"光绘输出设置"对话框,如图 3.2 所示。

a. 点击 P光绘机型号... 按钮,弹出"输出设备配置"对话框,选中"调试"前复选框,"输出设备配置参数"根据图 3.3 所示进行设置。

图 3.2　"光绘输出设置"对话框

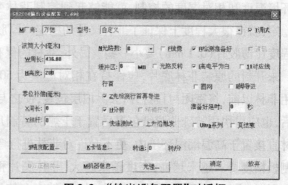

图 3.3　"输出设备配置"对话框

b. 设置好后,点击"确定"按钮,返回"光绘输出设置"对话框,在此界面,点击 E杂项... 按钮,弹出"光绘机配置"对话框,在此对话框中,取消"输出到文件"的选择,如图3.4所示。

再点击"非线性校正"按钮,进入"非线性校正"界面,各参数如图3.5所示进行设置。

注意:非线性校正一般不需要用户使用,由安装人员来调整。

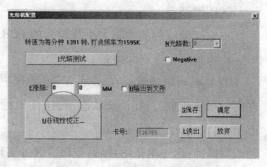

图3.4 "光绘机配置"对话框

c. 设置好后,点击"确定"按钮,返回"光绘输出设置","光绘输出设置"的其他参数按照图3.6所示进行设置。

图3.5 "非线性校正"界面

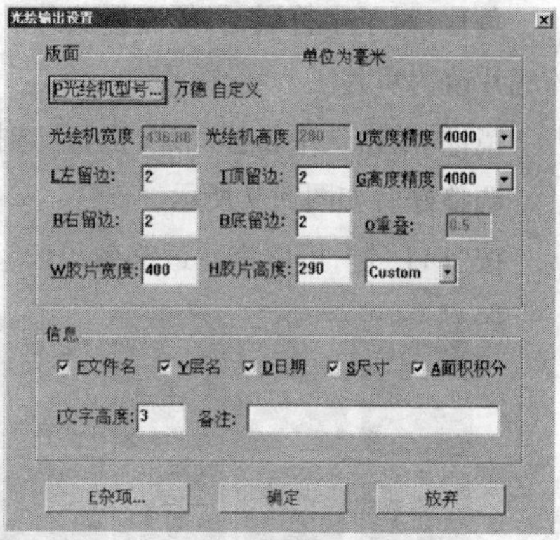

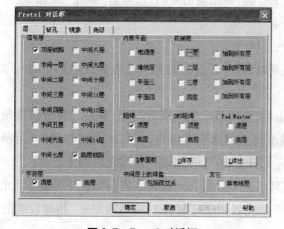

图3.6 光绘输出设置参数

参数设置好后,点击"确定"按钮,即完成"光绘输出设置"。

②导入图像。

执行"文件/拼版打开",找到目标 PCB 文件,打开,弹出 Protel 对话框,如图3.7所示。根据实际情况,选择所需的层,点击"确定"按钮,即导入所选择的层,如图3.8所示。

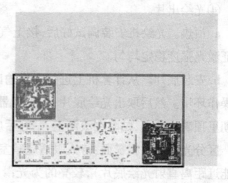

图3.7 Protel 对话框

图3.8 光绘图

注意:绿色区域即光绘底片的大小。

③图像调整。

根据光绘底片的实际大小及导入的 PCB 图的大小进行调整,确定一次出图的数量。

a. 位置调整按键介绍:

"Z"键:可以使鼠标在放大、箭头、手形三种状态间切换,其中,在放大状态下,单击鼠标左右键可实现放缩;在箭头状态下,按住鼠标左键可以拖动单张底片至合适位置;在手形状态下,可调整光绘底片的位置。

"R"键:选中单张图片后,按"R"键可实现旋转。

复制:单击选中目标底片,顺序执行"Ctrl + V""Ctrl + B",再按住鼠标左键拖动即完成复制。

b. 图形调整命令介绍:

负片:对于字符层,必须选择负片。单击选中字符层底片,执行"选择/负片",即将选中的底片改为负片。

镜像:单击选中目标底片,执行"选择/镜像",再选择是水平镜像还是垂直镜像即可。

调整好后如图 3.9 所示。

按"F11"键,可以查看最终效果(黑白),再按"F11"键可回。效果如图 3.10 所示。

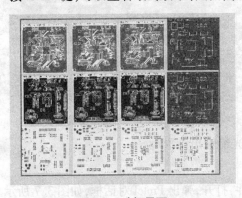

图 3.9　选择界面

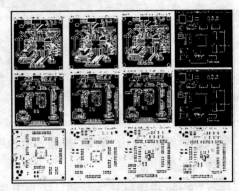

图 3.10　最终效果

c. 图像输出。执行"文件/输出",或按"F5"键,弹出输出对话框,点击"确定"按钮,使用默认设置即可。

④光绘出片。

a. 预热。光绘机安装调试好后,接上气泵电源,并开启激光光绘机电源,预热 10 min,以保证激光强度稳定均匀。

b. 安装底片。从计算机上进行图像输出后,关闭显示器及所有灯光,并关好窗帘保证暗室操作环境。然后取出光绘底片,找到机器滚筒上的两个定位点,将底片光滑面朝外、粗糙面朝里顶着定位点,贴附在滚筒上,贴好后应无异常响声,且末端紧密贴在滚筒上。

区分光滑面及粗糙面:待人眼适应暗室环境后,目测区分,或者在安全绿光下观察(绿光不能近距离直射光绘底片),较亮的为光滑面。或者用手轻轻在底片两面摩挲,相对较响的为粗糙面。

c. 激光光绘。安装好底片后,盖好顶盖,顺序按光绘机控制面板的"启动""—""启动",即开始光绘。当液晶屏显示"复位"时,即表示光绘完成,再等10 s让滚筒停下来,即可取片。

d. 出片。光绘完成后,从滚筒上取下底片,放入已配制好的显影液中,30 ℃显影30～40 s,然后取出,接着将底片放入定影槽中定影,室温定影30～40 s,最后进行充分水洗并晾干。

⑤异常分析处理。

a. 出白片。

（a）显影药水失效,重新配置显影药水（显影药水置于空气中有效时间为48 h）。

（b）无激光。

ⓐ高压块坏,更换高压块;

ⓑ激光管坏,更换激光管;

ⓒ限流电阻烧坏,更换限流电阻;

ⓓ无线同步信号,更换主控板。

b. 出全黑片。

ⓐ胶片曝光,更换胶片;

ⓑ零级光打到胶片上,调整光路;

ⓒⅠ级光常亮,调整光路。

c. 胶片有白道。

ⓐ丝杆上有脏物,清洗丝杆;

ⓑ缺少一路光,或聚焦不准,或横移不好,由专业人士调整;

ⓒ激光管闪,换激光管或高压电源或限流电阻。

d. 单方向胶片或左或右沿滚筒圆周方向有一圈黑线（宽度不定）。可能是光学平台罩漏光,正确放置平台罩子。

e. 沿滚筒圆周方向有时断时续的黑线（每一张胶片却不一样）。取胶片时划伤,请正确取片。

4. 底片显影与定影

（1）工艺流程及介绍。

①工艺流程为:显影—定影—水洗—晾干。

②显影:是出片的第一步,也是保证底片上曝光后的潜影正常显现的核心。通过对苯二酚在强碱性条件,与已曝光的含银卤化物反应,生成变黑的可见影像和苯醌,而使潜影成为黑色影像。

③定影:终止显影过程,并溶解底片乳剂层中的未曝光部分。此时感光材料中未曝光的银被溶于定影液中。

④水洗:清除感光材料经显影和定影后残留的化学药剂。

⑤晾干:使输出底片的表面不再有水。

（2）显影与定影。

分别以 Create – AWM1200 手动出片机和 Create – AWM3000 自动出片机为例介绍菲林底片显影与定影方法。

首先，介绍 Create – AWM1200 手动出片机的菲林底片显影与定影操作。

①功能说明（图 3.11）。

a. 玻璃顶盖：主要用于总机的液体保护。

b. 工作槽："显影""定影""水洗"为设备主要工作槽，用于完成相应工艺流程。

c. 控制面板：主要用于设备工艺流程控制、工艺参数设置及设备状态显示。

d. 电源开关：主要用于控制总机的电源。

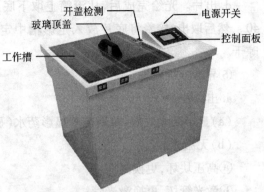

图 3.11　Create – AWM1200 手动出片机

e. 开盖检测：若设备检测到顶盖处于开盖，则加热管停止加热。

②操作说明。

a. 配液。设备试水后，若设备运行正常，无漏水，则将水排放干净，往槽体内添加药液。其中，显影液按药：水 = 1:4 配制，定影液按药：水 = 1:5 配制。

注意：显影槽标准容积为 15 L，定影槽标准容积为 10 L。

b. 开机。接好电源线，开启电源开关，液晶显示开机界面，接着运行自检程序，自检完毕进入待机界面。

c. 参数设置。

（a）在待机界面，点击"设置"按钮，进入参数设置界面。

（b）参数设置方法：

在参数设置界面，直接点击需设置的参数项，通过🔼或🔽按钮调整参数值。同样操作，依次完成所有参数设置后，点击"退出"按钮可保存本次设定的参数，并退出设置状态，返回到待机界面。

工艺参考参数：显影温度为 30 ℃，显影时间为 35 s，定影时间为 30 s，水洗时间为 1 min。

d. 运行。

待各槽参数到达设定参数后，点击设备待机界面的"背光"按钮，使设备进入背光模式，然后从光绘机上取出光绘完成的底片，用与设备配套的夹具装好，挂置于显影槽的凹陷处，设备即可按照设定参数自动运行。运行完毕，蜂鸣器报警。取出挂具，置入定影槽凹陷处，则自动进行定影操作。当蜂鸣器急促鸣叫时，表示此槽工艺运行完毕，即可进入水洗工艺。

注意：光绘、装片、显影、定影必须在暗房环境下进行操作，并且设备必须处于背光模式，以免底片意外曝光。

e. 底片晾干。

水洗完毕的底片置于通风处自然晾干即可。

（3）异常处理（表 3.1）。

表 3.1　异常处理

问题	原因	解决办法
软片颜色不够黑	显影药液温度太低	调节温度设置参数
	显影药液过耗	更换药液
软片颜色太黑	药液温度太高	调节温度设置参数
软片呈黄绿色	定影液过耗或浓度过低	更换药液
	胶片水洗不够	调节水洗设置参数
胶片有划痕	药液中有异物	检查,过滤清除
	操作中碰撞	小心操作
药液不循环	循环泵接触线松脱或电机已坏	检查接线,更换循环泵
	循环泵管路或泵内有气塞、异物	排除气塞、异物
	控制线路异常	检查线路

其次,介绍 Create - AWM3000 自动出片机（图 3.12）的菲林底片显影与定影操作。

①设备安装。

a. 电力供应。本机可以采用单相电源供应。但操作者一定要注意所用导线以及闸刀插座等电器规格,保证安全用电,同时要准备良好的接电装置,以备机器外壳接地,保证操作安全,电源一般采用三相三线制的三相电源。

b. 供水。供水系统应确保水压稳定,水质纯净。机器的供液系统都有标志,请仔细按照各种管子的标签记号,连接好水龙头、补液桶和下水道。

图 3.12　Create - AWM3000 自动出片机

机器水洗水管子有压力,水龙头连接时,一定要使用管扎。因为在机器节能状态时,水洗电磁阀要关闭,水洗水管子要承受一定压力,水龙头建议不要开得太大。

c. 清洗槽及排水系统。用户应根据机型,自动选择清洗槽,以供定期清洗轴架系统之用,此外,排水系统也应通畅无阻,以保证水洗后废水的排放。室内最好有良好的地下排水系统。

d. 安装。安装时首先将机架安装好,安放在平整的使用场所地面上,然后将机身安放在机架上面,再将各辊轴组件及烘干轴架,按轴架上的标志,显影、定影、水洗、烘干依次放置。放置过程中,一要小心,当心碰撞;二要注意轴架的主传递齿轮与总轴传动齿轮的正确结合;三要注意轴架,尤其是烘干轴架的水平度,不要让轴架产生扭变现象。检查齿轮的结合情况。

e. 水平调校。水平仪或药槽内放入清水后,用目视的方法检测水槽水平面对药槽上沿的水平度。仔细调节机架底部的水平高低螺钉,使机器到达水平。

②设备调试。

新机器开机,可用清水代替药液进行调校和试验。机器通电以后,仔细检查机器执行冲洗工艺是否为自己所需要的程序,各工艺参数又是否满足需要,如不符合要求,应进行修正,否则容易影响正常冲洗。同时也请检查一下机器各部件的运行情况是否正常,是否有渗漏。

一切正常后,等待机器加温,待药液加到预置温度后,机器便会发出送片信号,这时便可以正式冲片或做走片试验。选用一些正常规定的干净胶片,药膜面朝下,比较平整地送入暗箱入口。

软片送入暗箱口,让检测传感器感受信号,面板上的软片指示器上相应位置的指示灯亮,烘干系统、水洗电磁阀、传动系统都将工作。

在测试全部结束,并一切正常以后,就可准备正式冲洗。

a. 关闭所有电源,将机器液槽、滚轴组件分别清洗一遍。最好用干净毛巾擦干药槽。同时也仔细检查一下滚轴组件有没有因为运输不当,造成定位杆螺丝松动,机器的其他部分也希望同样检查一遍。

b. 严格按制药商规定,仔细配好冲洗套药,并按先定影、后显影的加液方法,先将定影液加到定影槽中至一定液位,再将定影轴架放入槽中,再加药液至溢出口。加药液时一定要小心,防止溅入其他槽内,如有应立即擦干净。

c. 同样的方法,将显影液加入显影槽。

d. 将水洗槽加满清水,并打开水龙头,但应将水龙头开小一些,待走片后,水洗电磁阀打开,水洗水自由流动,请注意进水量和溢出量是否平衡,要防止水压不稳定地区,水压突然变大,水流来不及溢出,溢向药槽,浪费药水。虽然机器上安有水位控制装置,但该装置频繁工作不利于机器正常运行,所以还是请严格控制水洗流量。

e. 正式冲片时,将软片轻轻地送入机器暗箱内,让滚轴夹住后再放手。

f. 待一张软片全部进入液槽时,为保险起见,不要急于在该位置送入第二张软片,以免追片、叠片,等待时间应视冲洗速度而定。另外在软片入片后建议不要更改冲洗时间以免影响冲洗质量。

g. 每天工作结束后,宜在待机状态关机,先关电源开关再关空气开关,最后再关总电源闸,不要一下关总闸,这有损机器的寿命。

③操作面板介绍(图 3.13)。

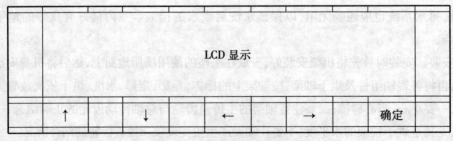

图 3.13　LCD 显示及操作面板

操作面板上设有 192×64 的 LCD 显示屏及五个操作按钮。

a. LCD 显示屏介绍。

LCD 显示屏有四个主菜单,各个主菜单下设有各自子选项,各个菜单显示如下:

(a)第 1 主菜单"状态"及其子选项(见表 3.2)。

表 3.2 第 1 主菜单"状态"及其子选项

状态	显温：	**.* ℃		
设置	定温：	**.* ℃		
手动	烤温：	**.* ℃		
报警	时间：	**秒	计片：	0000

第 1 主菜单界面显示显影槽、定影槽、烤箱三个温度值,冲洗时间和本次开机共入片值。本菜单没有子选项可选择。

(b)第 2 主菜单"设置"及其子选项见表 3.3。

表 3.3 第 2 主菜单"设置"及其子选项

状态	显温：	** ℃	显补：	**张
设置	定温：	** ℃	定补：	**张
手动	烤温：	** ℃	加热：	开/关
报警	时间：	**s	报警：	开/关

第 2 主菜单界面,显示各个要设置的参数值。"时间"为胶片冲洗时间值;"显补""定补"两项为自动补液的胶片张数;"加热"选项设置为是否需要对显影液、定影液预加热,如设置"开"则按照设置温度进行预加热后才能入片,如"关"则不对液体进行加热直接入片;"报警"选项的开启与否决定于液体报警时是否也能入片,如该项开启,则在液位报警时无法入片,此时需进入第 4 主菜单界面检查各个液位是否正常;如该项关闭,则不论是否液位报警都能入片,但不保证菲林片显影质量。

在该主菜单下,按"←""→"按钮能进入子选项选择。相应子选项字体反显,此时按"确定"按钮,子选项闪烁,按"↑""↓"按钮能对相应子选项数值进行更改或者对子选项实行开启或关闭的操作。

(c)第 3 主菜单"手动"及其子选项见表 3.4。

表 3.4 第 3 主菜单"手动"及其子选项

状态	显补：	**s	背光：	开/关
设置	定补：	**s		
手动	显补：	开/关		
报警	定补：	开/关		

第 3 主菜单界面显示手动补液参数和手动开关以及 LCD 背光开关。

"显补""定补"为手动补液的时间设置值,单位为 s;后两项"显补""定补"设置为"开"后手动对液体进行补充,补充时间即为上述设置值;"背光"可设置 LCD 的背光开关与否。

在该主菜单下,按"←""→"按钮能进入子选项选择。相应子选项字体反显,此时按"确定"按钮,子选项闪烁,按"↑""↓"按钮能对相应子选项数值进行更改或者对子选项实行开启或关闭的操作。

必须注意的是,在该子选项下,不能进行"显补"和"定补"同时开启,否则无法保证补液量。

（d）第4主菜单"报警"及其子选项见表3.5。

表3.5　第4主菜单"报警"及其子选项

状态	显影：	少/正常	状态	显废：	满/正常
设置	定影：	少/正常	设置	定废：	满/正常
手动	显补：	少/正常	手动	水位：	少/正常
报警	定补：	少/正常	报警		

第4主菜单界面显示各液体液位是否正常，如正常显示"正常"；如不正常，显示各相应状态，此时需要检查相应液体的量是否充足、或者废液是否满溢。

b. 操作按钮介绍。

（a）"↑"按钮。在普通状态下，可以通过该按钮选择1—4菜单。顺序为1—4—3—2—1，以此循环；在子选项中选择并按下"确定"按钮后，该按钮可减少相应数值或者在开启和关闭之间切换。

（b）"↓"按钮。在普通状态下，可以通过该按钮选择1—4菜单。顺序为1—4—3—2—1，以此循环；在子选项中选择并按下"确定"按钮后，该按钮可增加相应数值或者在开启和关闭之间切换。

（c）"←"按钮。在第2和第3主菜单中，按此按钮可以进入该主菜单的子选项中并实现递减切换。被选中的子选项呈反显，如"开""33 ℃"。在反显状态下可按"确定"按钮进行子选项的设置，在设置时子选项闪烁显示。

（d）"→"按钮。在第2和第3主菜单中，按此按钮可以进入该主菜单的子选项中并实现递加切换。被选中的子选项呈反显，如"开""33 ℃"。在反显状态下可按"确定"按钮进行子选项的设置，在设置时子选项闪烁显示。

（e）"确定"按钮。反显状态下可按"确定"按钮进行子选项的设置，在设置时子选项闪烁显示。此时按"↑""↓"按钮可对相应子选项进行更改，更改合适的数字或状态后再次按"确定"按钮可返回反显状态。

注意：

●反显状态为子选项选择状态，按"确定"按钮进入闪烁状态；

●闪烁状态为子选项设置状态，此时按"↑""↓"按钮可对相应子选项进行更改；结束后按"确定"按钮设置成功并返回反显状态。

●开机后等液晶显示10 s后方可进行各项操作。

④参数设置。

机器可以进入出片机参数设置，开机后机器会自动初始化参数，自动读取上一次关机时的设置参数。一般显影液温度为32 ℃，定影液温度为32 ℃，烤温温度为52 ℃，走片时间为48 s，如果此设置不能满足用户的要求可以进入第2、3主菜单进行相应设置。

a. 第2主菜单设置。第2主菜单设置项的范围见表3.6。

表 3.6　第 2 主菜单设置项的范围

设置项	范围
显影液温度	20 ~ 50 ℃
定影液温度	20 ~ 50 ℃
烤温温度	20 ~ 60 ℃
走片时间	20 ~ 60 s
显影液自动补充张数	1 ~ 99 张
定影液自动补充张数	1 ~ 99 张
加热开关	开/关
报警人片开关	开/关

进入第 2 主菜单界面,见表 3.7。

表 3.7　第 2 主菜单界面

状态	显温:	** ℃	显补:	** 张
设置	定温:	** ℃	定补:	** 张
手动	烤温:	** ℃	加热:	开/关
报警	时间:	**s	报警:	开/关

(a)显影液温度(显温:)。按子选项选择按钮进入设置,当"显温"的温度数值呈反显时按"确定"按钮进入设置,此时该数值呈闪烁状;再按"增""减"按钮进行数值更改,完成后按"确定"按钮保存并退出,返回反显状态。

(b)定影液温度(定温:)。按子选项选择按钮进入设置,当"定温"的温度数值呈反显时按"确定"按钮进入设置,此时该数值呈闪烁状;再按"增""减"按钮进行数值更改,完成后按"确定"按钮保存并退出,返回反显状态。

(c)烤温设置(烤温:)。按子选项选择按钮进入设置,当"烤温"的温度数值呈反显时按"确定"按钮进入设置,此时该数值呈闪烁状;再按"增""减"按钮进行数值更改,完成后按"确定"按钮保存并退出,返回反显状态。

(d)走片时间设置(时间:)。按子选项选择按钮进入设置,当"时间"的时间数值呈反显时按"确定"按钮进入设置,此时该数值呈闪烁状;再按"增""减"按钮进行数值更改,完成后按"确定"按钮保存并退出,返回反显状态。

(e)显影液自动补充设置(显补:)。按子选项选择按钮进入设置,当"显补"的温度数值呈反显时按"确定"按钮进入设置,此时该数值呈闪烁状;再按"增""减"按钮进行数值更改,完成后按"确定"按钮保存并退出,返回反显状态。

注意:该数值为每自动补充一次显影液需要冲洗的胶片数量。如选择数值为"5",则每冲洗 5 张胶片补充液体一次,每次补充液体数量为 80 ~ 90 mL。

(f)定影液自动补充设置(定补:)。按子选项选择按钮进入设置,当"定补"的温度数值呈反显时按"确定"按钮进入设置,此时该数值呈闪烁状;再按"增""减"按钮进行数值更改,完成后按"确定"按钮保存并退出,返回反显状态。

注意:该数值为每自动补充一次定影液需要冲洗的胶片数量。如选择数值为"5",则每冲洗5张胶片补充液体一次,每次补充液体数量为80~90 mL。

(g)加热开关设置(加热:)。按子选项选择按钮进入设置,当"加热"的状态("开"或"关")呈反显时按"确定"按钮进入设置,此时该数值呈闪烁状;再按"增""减"按钮进行状态切换,完成后按"确定"按钮保存并退出,返回反显状态。

注意:在该设置开启后如液体温度没有到达设置温度(包括显影温度和定影温度)时,加热开启;如关闭则不对液体进行加热。

(h)报警开关设置(报警:)。按子选项选择按钮进入设置,当"报警"的状态("开"或"关")呈反显时按"确定"按钮进入设置,此时该数值呈闪烁状;再按"增""减"按钮进行状态切换,完成后按"确定"按钮保存并退出,返回反显状态。

注意:在该设置开启后如有液位报警则无法入片,需检查液位清除报警后才能继续入片;特别需要注意的是:报警开关关闭不是不提示报警,该项关闭表示不论是否液位报警都能入片。

b. 第3主菜单设置。

第3主菜单设置项的范围见表3.8。

表3.8　第3主菜单设置项的范围

设置项	范围
手动显影液补充时间	5~60 s
手动定影液补充时间	5~60 s
手动显影液补充开关	开/关
手动定影液补充开关	开/关
背光设置	开/关

第3主菜单为手动设置界面,见表3.9。

表3.9　第3主菜单为手动设置界面

状态	显补:	** s	背光:	开/关
设置	定补:	** s		
手动	显补:	开/关		
报警	定补:	开/关		

(a)手动显影液补充时间(显补:)。按子选项选择按钮进入设置,当"显补"的时间数值呈反显时按"确定"按钮进入设置,此时该数值呈闪烁状;再按"增""减"按钮进行数值更改,完成后按"确定"按钮保存并退出,返回反显状态。

注意:该时间更改后需在该菜单下第三项"显补"的开关开启后才能开启手动补液。

(b)手动定影液补充时间(定补:)。按子选项选择按钮进入设置,当"定补"的时间数值呈反显时按"确定"按钮进入设置,此时该数值呈闪烁状;再按"增""减"按钮进行数值更改,完成后按"确定"按钮保存并退出,返回反显状态。

注意:该时间更改后需在该菜单下第四项"定补"的开关开启后才能开启手动补液。

(c)手动显影液补充开关(显补:)。按子选项选择按钮进入设置,当"显补"的状态呈反显时按"确定"按钮进入设置,此时该状态呈闪烁状;再按"增""减"按钮进行"开""关"切换,完成后按"确定"按钮保存并退出,返回反显状态。

如选择"开",则根据该菜单下第1项的显影液补充时间进行手动补充显影液。如选择"关"则不补充。

补充液体的量为 500 mL/min 左右,可自行根据需要进行设置。

(d)手动定影液补充开关(定补:)。按子选项选择按钮进入设置,当"定补"的状态呈反显时按"确定"按钮进入设置,此时该状态呈闪烁状;再按"增""减"按钮进行"开""关"切换,完成后按"确定"按钮保存并退出,返回反显状态。

如选择"开",则根据该菜单下第二项的显影液补充时间进行手动补充显影液。如选择"关"则不补充。

补充液体的量为 500 mL/min 左右,可自行根据需要进行设置。

(e)背光设置(背光:)。按子选项选择按钮进入设置,当"背光"的状态呈反显时按"确定"按钮进入设置,此时该状态呈闪烁状;再按"增""减"按钮进行"开""关"切换,完成后按"确定"按钮保存并退出,返回反显状态。

如选择"开",则 LCD 背光开启,选择"关",则 LCD 背光关闭。

设置提示:上述设置中除各开关状态外,其余设置值都能自动记录,关机后再次开启无需重复设置。

⑤蜂鸣报警介绍。

在检测到补充液液位不足或者各个液体槽液位不足或者废液桶满时,出片机会发出蜂鸣报警提示,声音为持续 1 s 的"嘟"声后停止 1 s,如此反复。在该状态下如显影槽(表 3.10 中第一子选项)、定影槽(表 3.10 中第二子选项)及水槽(表 3.10 中第七子选项)液体液位低,本机将自动补液,直至液位正常。其他状态如无人为动作不会改变,会持续报警。用户可根据提示做相应动作。

表 3.10 蜂鸣报警提示

状态	显影:	少/正常	显废:	满/正常
设置	定影:	少/正常	定废:	满/正常
手动	显补:	少/正常	水位:	少/正常
报警	定补:	少/正常		

a. 显影:少,此时检查机器显影槽液位;该状态下机器会自动补足;显影:正常,显影液液位正常。

b. 定影:少,此时检查机器定影槽液位;该状态下机器会自动补足;定影:正常,定影液液位正常。

c. 显补:少,显影补充液液位低,此时需更换显影补充液;显补:正常,显影补充液液位正常。

d. 显废:满,显影液废液桶满,需更换显影液废液桶;显废:正常,显影液废液桶液位正常。

e. 定废:满,定影液废液桶满,需更换定影液废液桶;定废:正常,定影液废液桶液位正常。

f. 水位:少,水位低,该状态会自动补充水;水位:正常,水位正常。

除此之外,入片时会发出 1 s 的蜂鸣器提示音,冲洗完毕后发出 1 s 的蜂鸣器出片提示音。

⑥异常处理(表 3.11)。

表 3.11　异常处理

异常	原因
软片颜色不够黑	药液温度太低 胶片曝光时间太短 显影药液过耗,应更换
软片太黑	药液温度太高 曝光时间太长 刚更换完药液,缺乏坚膜剂
软片呈黄绿色	软片没有定透,复查软片型号 定影液过耗或进水,补充量太少 水洗流量不足,造成胶片水洗不够
药液不加温	加温保险丝坏:更换保险丝 加热管坏:更换加热管 加温继电器坏:更换加温继电器 温度传感器坏:更换传感器 控温电路坏:检修控温电路
药液温度失控	显影、定影温度传感器坏:更换温度传感器 显影、定影药液不循环:检修药液循环系统 控温电路故障:检修控温电路
烘干不加温	烘干保险丝坏:更换保险丝 烘干发热块坏:更换发热块 烘干传感器坏:更换烘干传感器 烘干加温控制信号线接触不良:检查烘干加温控制线 烘干温控电路故障:检修控温电路

异常	原因
烘干风机不工作	风机损坏:更换风机 风机里有异物卡死或失油:清除异物,加油 风机电容坏:更换风机电容
药液不循环	循环泵电机在工作: 　循环泵管路或泵内有气塞:排除气塞 　循环泵内有异物卡住:拆开循环泵排除异物 　过滤芯堵塞:清洗或更换过滤芯 循环泵电机不工作: 　循环泵接触线松脱:检查接线 　循环泵坏:更换循环泵
药液不补充	补充泵工作: 　补充泵单向阀结晶堵塞或有异物:清洗单向阀 　单向阀阀体接口漏气:紧固阀体接口 　补充泵波纹管损坏破裂:更换波纹管 补充泵不工作: 　补充泵接线脱落:检查接线 　补充控制信号线接触不良:检查控制信号线 　补充泵坏:更换补充泵
输片电机不转	输片驱动电路故障:检查驱动电路 输片检测探头接插件接触不良:检查探头接插件
卡片	各导向由于碰撞或其他因素引起轨迹变化:检测各导向系统的位置是否正确 齿轮脱落或中间过桥齿轮脱落:重新装好各齿轮 滚轴由于碰撞或其他因素使两轴不平衡,产生不正常间隙:调整或更换滚轴
输出胶片有划痕	各导向上有毛刺,结晶:检查清除 送片板上有砂粒灰尘:检查清除 产生不规则划伤是因为药液中有异物:检查清除
传动有异常响声	轴承缺油:加黄油 链条过松:调整 链条缺油:加黄油 烘干滚轴由于长时间在高温下工作预轴套间的摩擦声:加机油 显影、定影滚轴液位上部的传动齿间产生干摩擦及结晶物与各传动件间的摩擦 产生响声:加机油 斜齿轮及蜗杆间干摩擦声:加黄油 传动杆两头轴座间的干摩擦声:加黄油

考核评价 **与** 技能训练

1. 印制电路板的底片制作方法有哪些？
2. 激光光绘机和全自动冲片机在 PCB 生产中的作用是什么？使用时有何注意事项？
3. 描述激光底片的制作流程。
4. 激光光绘机怎样维护？
5. 使用激光打印机打印一套 PCB 完整底片。
6. 使用激光光绘机及冲片机绘制一套 PCB 完整底片。

第4章 板材开料与钻孔

4.1 概 述

板材准备又称下料,在 PCB 行业中,板料和成本是最重要的指标之一,在 PCB 板制作前,应根据设计好的 PCB 图大小来确定所需 PCB 板基的尺寸规格,我们可根据具体需要进行裁板。

钻孔的目的是使其线路上下导通和层间互连,以及安装零件。PCB 机械钻孔质量的好坏直接关系到后续电镀的品质及电子产品的可靠性,是印制板加工流程中的重要一环。PCB 是由玻璃纤维、环氧树脂、铜箔组成的复合材料,具有脆性大、各向异性、导热性差等特点,再加上目前 PCB 向高密度方向发展,大大加大了机械钻孔的难度,尤其对孔壁粗糙度的控制提出了严峻的挑战。

4.2 开 料

裁板又称开料,开料的目的是将大片板料切割成各种要求规格的小块板料,在 PCB 板制作前,应根据设计好的 PCB 图 Keepout 的大小来确定所需 PCB 覆铜板的尺寸规格。裁板的基本原理是利用上刀片受到的压力及上下刀片之间的狭小夹角,将夹在刀片之间的材料裁断。

1. 手动裁板机

常用的裁板设备有两种,一种是手动裁板机,另一种是脚踏裁板机。为了方便学生工学结合,重点介绍 Create – MCM2200 精密手动裁板机(图 4.1)。根据设计好的 PCB 图 Keepout 的大小来确定所需 PCB 敷铜板的尺寸规格,利用 Create – MCM2200 精密手动裁板机完成相应规格的敷铜板裁板。

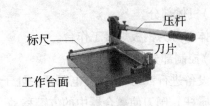

图 4.1 Create – MCM2200 精密手动裁板机结构图

(1)裁剪材料:刀片采用 SKD11 材质刀片,裁板锋利,经久耐用;能裁 2 mm 厚度以内电木板、玻璃纤维板、铝板等。

(2)工艺要求:裁板不变形、不龟裂,无毛边。

(3)工艺流程为:下料—对齐—压板—裁剪。

根据用户所需裁剪尺寸,首先移动定位尺来确定裁剪尺寸,并提起压杆,再将待裁剪的板材置于裁板机底板上,并且将板材移至刀头部分。(靠近压杆根部位置)对齐对位标尺和定位尺,使其裁剪尺寸更加精确。

板材固定完毕后,在裁板过程中,为避免板材的移动导致裁剪倾斜,请先左手压住板材,右手再将压杆压下,压下压杆即轻松完成一条边的裁板;重复上述步骤就可以完成多边或多块板的裁剪。

(4)维护方法:

①由于弯刀型裁板机弯刀受力支点靠前端,在确定好覆铜板尺寸并固定好定位尺后,将覆铜板往前端移再裁剪可更省力。

②在使用时,严禁将手或身体的任何一个部位放入到刀片下,以免造成人身伤害。

③刀片在使用中,可以使用刀距调节旋钮使其距离缩近,裁板更加精确。

④手握压杆时,尽量靠后,以免造成不必要的伤害。

⑤定期给活动部件涂抹润滑油,切勿使用裁板机剪裁比敷铜板坚硬的物体,这样容易造成刀片损坏。

2. 精密裁板机

精密裁板机由铸铁铸成,采用脚踏式,Create – MCM4200 裁板机(图 4.2)由机体部分、传动部分、控制部分、后挡料部分、压料部分、制动部分及电气部分(图 4.3)构成。使用前,要使机器保持平衡,经常注油,保持油杯有油,以便润滑,工作起来轻便。

图 4.2 Create – MCM4200 精密裁板机　图 4.3 Create – MCM4200 精密裁板机结构图

(1)机体部分。

机体部分为钢板焊接工作台。

(2)控制部分。

在设备进行裁切时,打开电源开关处于 ON/开的位置,踏下脚踏板(即设备前面底部的活动金属杆),闸刀使离合器中的方键移动,使之与主轴上的齿轮咬合,从而带动主轴旋转进行裁切加工。

(3)后挡料部分。

松开锁紧螺丝,可移动后挡料装置向前或向后,从而能控制板料裁切长度。

(4)压料部分。

压料装置是把待裁切板料牢固地压紧在工作台上,以免在裁切时产生移动或跳动。

(5)刀口间隙调整。

为了适应不同厚度的板料裁切,因此刀口间隙需要调整。

调节时先将紧固螺钉(两侧)全部松开一些,再将床身前后面支拉螺钉适当调节,这样可使下刀架前后移动到需要间隙,然后拧紧床身前后面支拉螺钉,最后拧紧紧固螺钉(两侧)。调整好后确定间隙是否合格,然后再进行裁切作业。

4.3　钻　孔

钻孔的目的是在镀铜板上钻通孔/盲孔,建立线路层与层之间以及元件与线路之间的连通。小型数控钻床的推出,以其快速、高精度的产品性能,不仅缩短了制板周期,同时大大地降低了快速制板的难度,有效地提高了制板的成功率。用户只需在计算机上完成 PCB 文件设计并将 PCB 文件或 NCDrill 文件通过 USB 或 RS-232 串行通信口传送给数控钻床,数控钻床就能快速地完成终点定位、分批钻孔等动作。

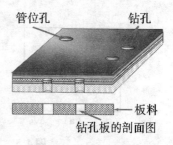

图 4.4　钻孔流程图

钻孔流程为:联机上电—固定板件—导入文件—定位设置—分批钻孔(图4.4)。

1. 机械钻孔

常用的钻孔设备有两种,一种是手动钻孔机,另一种是全自动钻孔机。为了便于学生的工学结合,重点介绍 Create – DCD6050 自动数控钻铣机。

2. 手动钻孔

(1)设备结构(图4.5,图4.6)。

图 4.5　Create – MPD 高精度微型台钻

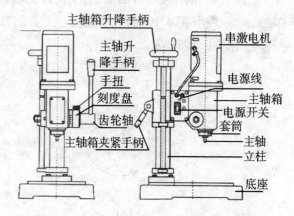

图 4.6　Create – MPD 高精度微型台钻结构图

(2)装拆钻夹头。

①装钻夹头前,应把主轴锥端及钻夹头锥孔内的防锈油擦干净。

②钻夹头装到主轴上,应施加一定的轴向力,使其结合牢固,如图4.7所示,用木槌在钻夹头下方轻敲一下。

注意:用木槌敲时,应将钻夹头三爪退回到钻体内,使冲击力不直接作用在三爪上,以免损坏钻夹头。

图 4.7　动作示意图

③拆卸钻夹头时,应用楔形斜铁插入钻夹头与主轴之间,将钻夹头撬下来,操作如图 4.8(a)所示。不允许用敲击钻夹头的方法拆卸(图 4.8(b)),以免影响主轴精度。

(3)定深切削。

为了便于在批量生产中控制钻孔深度,本机床备有定深机构(图 4.9),当加工通孔(不使用定深机构)时,应松开手钮。

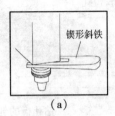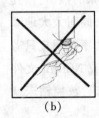

锲形斜铁

(a)　　　　　　(b)

图 4.8　拆卸图

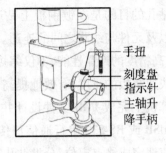

手扭
刻度盘
指示针
主轴升
降手柄

图 4.9　如何定深

在使用定深切削前,必须先调整定深机构。调整应在主轴停转状态下进行,方法如下:

①转动主轴升降手柄使主轴下移至钻头抵住工件表面;

②转动刻度盘使刻度尺上的预定深度值与指示针对齐。如要钻孔深度为 10 mm,则将刻度尺上"10"刻线与零位刻线对齐。

③刻度盘调整到位后,将手钮旋紧。

(4)主轴箱的升降。

为了适应不同高度零件的加工,本机床主轴箱可上下移动(图 4.10)。移动前,先松开主轴箱夹紧手柄(图 4.10(a)),转动立柱上方的升降手轮(图 4.10(b)),实现主轴箱升降。钻孔时,请将主轴箱夹紧。

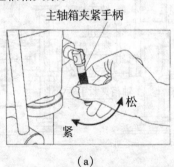

主轴箱夹紧手柄

松
紧

(a)　　　　　　　　　(b)

图 4.10　升降图

(5)钻孔注意事项。

①钻夹头、钻头(图 4.11)应夹装正确,避免晃动。

②工件必须固定,使在钻孔时不发生位移。

③钻小孔时,因钻头较细,容易扭断,应尽量使钻头露出钻夹头部分短一些,钻头用钝应及时刃磨。

④工件材料允许下,尽可能使用切削液,防止钻头刃口过热。

图 4.11　钻头

⑤使用起始点自动停止装置,当主轴升降手柄向下移动时,主轴才开始转动,当主轴回到原始位置时,主轴停止转动。操作完毕后,请将电源开关切断。

2. 全自动钻孔

(1)任务描述。

了解 Create – DCD6050 自动数控钻铣机的结构及参数、操作系统。

(2)控制软件。

接受 GC – CAM、V2001、CAM350、Protel99、Prowerpcb、Genesis 等软件输出的钻带、锣带、Gerber 及绘图仪格式。加工时经过本软件预处理:自动排序、路径优化,再传送给数控机床进行钻孔加工,本软件具有自动换刀、自动刀长检测和自动断刀监测功能。功能包括:单孔、槽孔、圆等的加工,加工过程分为单层钻孔或分层钻孔。

(3)系统要求和系统安装。

①系统要求见表 4.1。

表 4.1　系统要求

硬件	要求
处理器(CPU)	586 以上
内存	64M 或以上(内存越大,系统的运行速度越快)
硬盘	20G 以上
显示器	14VGA 彩显或以上
光驱	52X
操作系统	WindowsXP

②系统安装。

打开 PC 机机箱盖子,将厂家配套的 PCI 数据卡插到对应主板 PCI 槽位,扭紧螺丝并盖好机箱盖子。

打开计算机电源,启动 Windows9X/XP。将随机附带的安装光盘放入光驱。自动运行后可根据提示逐步进行,便可完成 CREATE 控制软件的安装。点击"完成"按钮返回操作系统,这样便完成"CREATE"的安装过程。将软件狗(USBKEY)插入计算机的 USB 接口即完成软件狗的安装。(注:如果软件狗已经插在 USB 口,请拔出,再插入即可,不需要关闭计算机)

③软件运行。

软件安装完成之后,在桌面上有"CREATE"的快捷方式,用鼠标左键单击"CREATE"图标,便可以运行钻铣软件。

④软件卸载。

点击"开始"—"设置"—"控制面板"—"添加/删除程序"。选择"Create",点击"更改/删除"后按照提示选择删除即可完成卸载。

知识窗：

软件说明

软件运行：

①在软件启动时，首先弹出主界面，如果用鼠标左键点击一下（或按任意键），过大约 1 min 之后，主窗口便自动消失，只保留操作界面供用户操作。

②科瑞特为用户提供了较为友好的操作界面，而软件的操作均按 Windows 视窗的习惯而设计，菜单及功能按钮等均用英文名词表达，通俗易懂。

③整个操作界面分为菜单区、工具栏区、信息区、状态条及图形视窗等几个区域。菜单区 Create 软件将不常用但又不可缺的功能分别放于各主菜单的下拉菜单中，操作员在任何需要的时候，可以随时调出。

主菜单操作：

①打开文件。

②钻孔文件（F1）：打开并读入钻孔数据。

③铣边文件（F2）：打开并读入铣边数据。

④保存：将读入的文件存储。

⑤另存为：将处理好的文件存为"∗.drl"格式。（此文件再次读入后不需处理可直接加工）

⑥导出钻孔文件：将钻孔数据或新生成的钻孔数据导出。

⑦退出（Ctrl + X）：关闭 Create 钻孔控制系统。

参数设置：

①用户参数设置（Ctrl + U）：操作员操作时所用的一些参数设置功能。

②钻孔路径设置（Ctrl + B）：机器加工时为提高效率而对文件的路径进行优化设置。

③文档格式设置（Ctrl + F）：当文件的格式为非常用时，可在这里更改与文件格式一致。

④系统速度设置（Ctrl + V）：厂商对机器各轴进给速度参数的设置。

⑤系统参数设置（Ctrl + S）：厂商对机器其他参数的设置。

⑥主轴转速设置：厂商对主轴转速的调节设置。

刀路控制：

此功能是针对 Gerber 文件优化处理时，工艺方法上的功能选择。（用户可自己选择）

刀库参数：

①刀具参数设定（Ctrl + D）：用户对所使用的不同刀具进行相应的参数设置。

②刀具默认参数（Ctrl + G）：方便用户对不同刀具参数的默认设置。

窗口：

①显示图形：当图形没在显示界面时可用。

②图形模拟（Ctrl + F7）：对文件进行模拟加工。

③显示走刀方向（F5）：显示刀路的行走方向。

④显示走刀路线（F6）：显示刀路的行走路线。

控制选择：

①目标钻孔：厂商标定测试机器的功能。

②加工(Ctrl + F9)：机床开始工作。

③停止(Esc)：机床停止工作。

④回原点(Ctrl + F11)：机床回机械原点。

⑤帮助：略。

工具栏：

为了实现操作方便的目的，"CREATE"将较为常用的功能按键放于工具栏中，如图4.12所示。

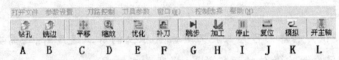

图 4.12　工具栏

①钻孔：打开一个已存在的钻孔文件（"F1"键）；

②铣边：打开一个已存在的铣边文件（"F2"键）；

③移动：将光标所在的位置移动到窗口中心；

④缩放：将矩形框所选中的区域放大到整个版面；

⑤优化：寻找最佳加工路径；

⑥补刀：铣边时根据刀具大小补充铣边轨道；

⑦跳步：将钻孔/铣边文件单步运行，并且不开主轴，而 Z 轴仅下到起点位置；

⑧加工：控制机床进行实际加工（"Ctrl + F9"键）；

⑨停止：控制机床停止加工（"Esc"键）；

⑩复位：机床自动找回机械零点（"Ctrl + F11"键）；

⑪模拟：铣边/钻孔图形模拟运行一遍；

⑫开主轴：在待机状态下，可以点击此按钮让主轴转动，或停止主轴。

功能介绍：

①加工控制。

此软件是针对PCB外形的加工而开发的一套控制软件，作为专用机的一个软性配件，可以控制机器将PCB板加工成各种各样的电路板（不包括电路），主要包括：电路板钻孔、电路板铣边等。

②数据自动优化。

操作员将加工数据导入之后，只需用鼠标单击工具栏中的按钮，软件就会自动优化加工的路径，这较大限度地提高了工作效率。

系统参数设置：

选择"参数设置"—"系统参数设置"：

参数由系统管理员根据实际情况进行修改，它主要是与机器的硬件参数相配套，所以除非机械变动情况,否则尽量不要修改这些参数,如果确实要修改,则尽可能与厂家联系确认无误后再修改。

①当量设置:根据机器型号不同,参数也不一样,设置 X、Y 轴为 500,Z 轴为 500;

②丝杠校正比:厂家调试好的参数,在电控柜的门上,每台机器的参数都不一样。

③加工前延时:当需加工时,主轴旋转并延时指定的时间后开始加工。

④圆弧拟合线长:即系统优化时圆弧打断后线段的长度。

⑤容许间距:即系统优化时,线段端点与端点之间的距离小于该数值时,软件认为这两个端点是重合点,并通过求交的方式重新计算这个公共点;大于此值时,则认为是不重合的端点。

系统速度设置:

本软件除了提供刀具库中可为每把刀具配置独立的加工速度外,还需要设置下列速度值,这样才能让机器发挥出最佳的运行效果,提高加工效率。

①X、Y 轴快速进给速度:用于主轴空走或快速定位时,机器的运行速度;

②Z 轴快速进给速度:用于主轴快速定位时的运行速度;

③复位速度:是指各轴在返回原点时的运行速度;

④点动速度:是指按住键盘上的箭头键让指定轴运行时的参考速度(参考用户参数);

注意:高速:位移最快速度,一般不超过 120。

⑤加速时间:一般为 0.04 s。

用户参数设置:

①加工原点:由于加工文件的数据本身存在一个相对的原点(即零位置),这个原点与机器原点并没有直接关系,如果直接加工,可能实际的加工数据不在机床的加工范围内,导致机器无法正常工作。为了避免这些不正常的因素,本软件假定在机床上存在一个"加工原点",这个点与加工数据的原点相一致,这样,只需要在机床上偏移这个点的坐标,便可以将加工数据的加工范围移入机床的有效加工范围内。

②加工原点的自动标定:用箭头键将 Z 轴的钻锣刀对准机床的"加工原点"处,再用鼠标左键单击"加工原点"按钮,然后选择"保存",软件便自动记录了当前被标定的加工原点。

注意:用户参数设置的位置是用鼠标按下箭头软按键或手按住键盘上的"←""→"键指挥钻锣刀 Y 方向运行到所需要的位置来确定的。"↑""↓"键指挥钻锣刀 X 方向运行到所需要的位置。速度 100% 可调动比例确定快慢。若用鼠标键按下那些方向箭头键盘,只要不释放,钻锣刀都将沿指定的方向连续运行。确定机床加工原点,用鼠标点击"加工原点"确定该位置值。用手按下键盘的"Page up"键、"Page down"键指挥钻锣刀向上或向下连续运行;对话框中显示了当前点动速度的百分比,这个百分比越小,钻锣刀点运行速度就越慢,反之越快。这种控制方式对于精确、仔细定位是非常重要的。

③换刀位置:在加工前,机器控制主轴首先运行到此位置,并关闭主轴,等待操作员换好刀具,确认后才开始加工;自动标定这个位置的操作方法,请参考"加工原点"的自动标定。

④下刀起点,提刀高度:首先要设置好"提刀高度",然后将刀具下移到工件表面位置,再

用鼠标单击"下刀起点",这样便自动标定了 Z 轴的下刀起点。

文档格式设置：

由于目前的 CNC 数据文件的格式比较多,所以软件要求操作员必须根据自己所用的加工文件的输出格式,并在本软件的"文档格式设置"中设置好,软件才能正常地导入加工数据。

钻孔路径规划：

为了提高效率,软件提供了一种较为特别的优化方式,即将所有相同孔径的孔区域化,而在同一区域内,再按最短路径进行优化,这样在加工过程中,较大限度地提高了钻孔速度。

刀库默认参数：

刀库默认参数包括钻头默认参数和刀具默认参数两部分,这些参数主要是用于钻铣软件在读入加工数据时,对不同编号的刀具或钻头的加工速度进行初始化并自动地建立具体的临时刀具库。在加工前,操作员打开加工文件之后,还应检查临时刀具库,对于所有的参数,均可直接进行修改或者直接保留默认值,应视实际的情况而定。具体说明如下：

①钻头默认参数主要包括：钻径范围、钻孔速度和提钻速度。

钻径范围：是指所有在此范围内的钻径均用此速度加工,由序号 1 到序号 10 表示 10 种默认范围的值。如：小于或等于序号 1 表示第一范围；大于序号 1 而小于或等于序号 2 表示第二范围等。由序号 1 到序号 10 之间的钻径范围值必须递增,而不在指定范围的钻径,将默认为序号 10 的参数。

钻孔速度：是指主轴在钻孔加工时的运行速度。(单位:mm/s)

提钻速度：是指主轴在钻孔加工时提钻的速度。(单位:mm/s)

②铣削默认参数包括：刀径范围、进刀速度、提刀速度以及铣削速度。

刀径范围：请参考钻径范围的说明。

进刀速度：是指在加工时,主轴进入加工起点的运行速度。(单位:mm/s)

提刀速度：是指主轴在加工位置提起到主轴工作位置的速度。(单位:mm/s)

铣削速度：是指加工主轴平移的速度。(即 X、Y 轴的矢量速度,单位:mm/s)

钻孔工艺流程：

任务描述：

钻孔工艺分成两步：钻孔和铣边。这两步工艺可以在自动数控钻床上一起完成。

①钻孔流程：联机上电—固定板件—导入文件—定位设置—分批钻孔。

②铣边流程：联机上电—导入文件—定位设置—铣边。

加工文件的导入：

导入加工文件是一个加工操作的开始,本软件采用了通俗的操作方式,在导入钻孔或铣边文件时,只需用鼠标单击"钻孔"或"铣边"按钮,便弹出文件选择对话框,在对话框中选择你所需的文件并选择"打开",或者直接用鼠标左键双击所选文件,便开始自动从文件中导入加工数据。(**注**:在打开文件时,别忘记设置好数据的格式)

图形的优化操作示例(只对 Gerber 文件):

加工数据导入之后,将这些数据进行优化,然后进行刀具补偿等操作,对于优化,只需用鼠标在工具栏中单击一下"优化"按钮,软件便开始自动完成。

数据优化完成之后,按"F5"键,显示下刀点及走刀方向。

刀具补偿的操作示例(只对 Gerber 文件):

在完成数据优化之后,接着下一步的工作就是进行刀具偏移,因为数据中的轨迹所表示的是实物的大小,而所用的刀具具有一定的刀径,直接加工将会造成加工出的实物变小或变大,这与所要的最终实物是不相符的。

用鼠标单击工具栏中的"补刀"按钮,操作员输入实际的刀具直径。

钻孔文件的优化:

①对已经打开的一个钻孔文件,选择"钻孔路径设置"。

②我们设定矩形区域为 30 cm×30 cm,选择"保存""返回"。

③用鼠标左键在工具栏中单击"优化"按钮,待优化完成之后,再用鼠标左键单击工具栏中的"网格"按钮,显示虚线表格的每一格表示一个区域;在经过优化之后,同一孔径的孔在同一个区域中,自动按最短距离排序。

功能键说明见表4.2。

表4.2　功能键说明

功能键	说明
"Ctrl" + "→"	X 轴正方向移动;
"Ctrl" + "←"	X 轴负方向移动;
"Ctrl" + "↑"	Y 轴正方向移动;
"Ctrl" + "↓"	Y 轴负方向移动;
"Ctrl" + "PageUp"	Z 轴向上移动;
"Ctrl" + "PageDown"	Z 轴向下移动;
"Ctrl" + "F9"	加工
"Ctrl" + "F11"	复位
"Esc"	停止

注意:在用户参数设置状态,以上功能仍然有效,并且移动步长和移动速度可以在该状态更改。

自动钻孔工艺效果图如图4.13所示。

操作中常出现的问题分析:

取不到文件,可能原因:

①路径设置错误,可以重新设置路径,查找是否存在该路径。

②文件名写错,查找并仔细核对,然后重新写入。

图4.13　效果图

③储存介质没放好。

存盘失败：

①路径不正确，可重新改写。

②文件名不合法，可按照文件的规则键入文件名。

③储存介质没放好或磁盘写保护。

取文件时显示数据错误：

①文件格式不对：本系统使用的工作文件是 EXCELLON 格式钻铣文件，其扩展名为"drl"，如果是 Plot,Gerber 类型的文件可以通过本软件的格式转换功能转换成 EXCELLON 格式文件。

②压缩文件：必须经过解压后才能读取。

③文件数据太大，超出了本机的行程范围。

孔位偏差：

①每层板都有较大偏差，分析原因如下：

a. 钻头有摆动：查看主轴与夹头。

b. 钻头几何尺寸不正确：更换钻头。

c. 工件固定不牢：查看定位块与销钉是否有磨损，如有磨损需更换。

d. 钻孔文件数据有错误：查看文件或重新编辑。

e. 出现电子干扰造成坐标系统错乱：查看交流稳压器是否工作正常，机器接地是否良好，特别要检查主轴轴体接地。

CREATE 主程序损坏：重新安装主程序，并重新调试和设置参数。

②第一层板孔位正确，而下边的板偏差越来越大：

a. 盖板不正确或没有盖板，要用均匀平滑的铝膜做盖板。

b. 叠板过厚，应减少叠层。

c. 钻嘴质量不好，更换钻嘴。

d. 转速进刀率不当，应加以修改。

③孔径不正确：

a. 刀具放错：放刀具一定要检查，刀具库参数的设置与刀库一一对应。

b. 钻头磨损：重新翻磨次数太多，更换新钻嘴。

c. 主轴损耗：修理或更换主轴。

④易断钻头：

a. 文件错误：再现不合法的重孔，删除重孔。

b. 工件固定不牢：查看定位块，销钉是否磨损。

⑤操作不当：

a. 转速进刀不合适。

b. 叠板层数太多。

c. 钻头质量不好。

d. 几何形状不正确。

e. 材料不良。

f. 排屑槽长度不够。

⑥钻不透工件：

a. 刀具定位不正确，长度小于 20.5 mm。

b. 钻孔深度设置不正确。（刀具定位标准为 20.5 mm ± 0.05 mm）

3. 激光钻孔

激光成孔的商用机器，市场上大体可分为：紫外线的 Nd：YAG 激光机（主要供应者为美商 ESI 公司）；红外线的 CO_2 激光机（最先为 Lumonics，现有日立、三菱、住友等）；以及兼具 UV/IR 的变头机（如 Eecellon 之 2002 型）等三类。前者对 3 mil 以下的微孔很有利，但成孔速度却较慢。次者对 4～8 mil 的微盲孔制作最方便，量产速度约为 YAG 机的 10 倍，后者是先用 YAG 头烧掉全数孔位的铜皮，再用 CO_2 头烧掉基材而成。若就行动电话的手机板而言，CO_2 激光对欲烧制 4～6 mil 的微盲孔最为适合，每分钟单面可烧出约 6 000 个孔。至于速度较慢的 YAG 激光机，因 UV 光束的能量强且又集中，故可直接打穿铜箔，在无需"开铜窗"（Conformal Mask）时，能同时烧掉铜箔与基材而成孔，一般常用在各式"对装载板"（Package Substrste）4 mil 以下的微孔，若用于手机板的 4～6 mil 微孔似乎就不太经济了。以下就激光成孔做进一步的介绍与讨论。

（1）激光成孔的原理。

激光是当"射线"受到外来的刺激而增大能量时所激发的一种强力光束，其中红外光或可见光者拥有热能，紫外光则另具有化学能。射到工作物表面时会发生反射（ReflICTION）、吸收（Absorption）及穿透（Transmission）等三种现象，其中只有被吸收者才会发生作用。而其对 PCB 板材所产生的作用又分为热与光化两种不同的反应，现分述于下。

①光热烧蚀（Photothermal Ablation）。是指某激光束在其红外光与可见光中所夹带的热能，被 PCB 板材吸收后出现熔融、气化与气浆等分解物，而将之去除成孔的原理，称为"光热烧蚀"。此烧蚀的副作用是在孔壁上有被烧黑的炭化残渣（甚至孔缘铜箔上也会出现一圈高热造成的黑氧化铜屑），需经后制程序清除，才可完成牢固的盲孔铜壁。

②光化裂蚀（Photochemical Ablation）。是指紫外领域所具有的高光子能量（Photon Energy），可将长键状高分子有机物的化学键（Chemical Bond）予以打断，在众多碎粒造成体积增大与外力抽吸之下，使 PCB 板材被快速移除而成孔。本反应是不含熟烧的"冷作"（Cold Process），故孔壁上不致产生炭化残渣。

③PCB 板材吸光度。由上述可知，激光成孔效率的高低与 PCB 板材的吸光率有直接关系。电路板 PCB 板材中铜皮、玻织布与树脂三者的吸收度，因波长而有所不同。前二者在 UV $0.3\,\mu m$ 以下区域的吸收率颇高，但进入可见光与 IR（注：IR 是指齐焦镜头）后即大幅滑落。至于有机树脂，则在三段光谱中都能维持相当不错的高吸收率。

④脉冲能量。目前，激光成孔技术主要是利用脉冲术的激光。对所加工的板材进行能量冲击，脉冲激光的光束可根据所需孔的大小来选择参数。例如，聚焦程度、光束的粗细、每

脉冲光束的能量等。目前此项技术的突破点在于多光束同时加工技术和控制精度等方面。

⑤精确定位系统。

a. 小管区式定位。以"日立微孔机械"公司（Hitachi via Machine，最近由"日立精工"而改名）的 RF/CO_2 钻孔机为例，其定位法是采用"电流计式反射镜"（Galvanometer and Mirro）本身的 XY 定位，加上 XY 台面（XY Table）定位等两种系统合作而成。后者是将大板面划分成许多小"管区"（最大为 50 mm×50 mm，一般为精确起见多采用 30 mm×30 mm），工作中可用 XY 移动台面来交换管区。前者是在单一管区内，以两个 Galvanometer 的 XY 微动，将光点打到板面上所欲对准的靶位而成孔。当管区内的微孔全部钻好后，即快速移往下一个管区再继续钻孔。

所谓的 Galvanometer 是一种可精确微动 ±20°以下的铁制品，利用磁铁或线圈组合的直流马达，再装配上镜面即可做小角度的转动反射，将激光光束快速（2~4 ms）折射而定位。但此系统也有一些缺点，如：

（a）所打在板面上的光束不一定都很垂直，多少会呈现一些斜角，因此还需再加一种"远心透镜"（Telecentric Lens）来改正斜光，使其尽可能地垂直于孔位；

（b）电流计式反射镜系统所能涵盖的区域不大，最多只能达到 50 mm×50 mm，故还须靠 XY Table 来移换管区，其管区越小当然定位就越精准，但相对的也就牺牲了量产的时间；

（c）大板面上管区的交接无法达到天衣无缝，免不了会出现间隙或重叠等"接坏错误"（Abutment Errors），对高密度布孔的板子可能会发生漏钻孔或位失准等故障。此时可加装自动校正系统以改善管区的更换，或按布孔的密度自行调整管区的大小与外形。

b. 全板面定位。

除了上述的"Galvo XY"与"小管区移换"式的定位外，还可将 Galvo XY 的镜面另装在一组线性马达（Liner Motor）上，令其做全板面的 X 向移动。切勿将台面加装线性马达，而只做 Y 移动，如此将可免除接坏错误。此法与传统机械钻孔机的钻轴 X 左右移动，加上台面 Y 前后移动的定位方式相同。此法可用于 UV/YAG 光束能较强者定位，对 CO_2 激光光束能较弱者，则因其路径太长能量不易集中反倒不宜。

（2）CO_2 激光成孔的不同制程。

①开铜窗法（Conformal Mask）。在内层 Core 板上先压 RCC（Resin Coated Copper Foil）然后开铜窗，再以激光烧除窗内的基材即可完成微盲孔。具体做法是先做 FR-4 的内层核心板，使其两面具有已黑化的线路与底垫（Target Pad），然后再各压贴一张"背胶铜箔"（RCC）。此种 RCC 中铜箔为 0.5 OZ，胶层厚约 80~100 μm（3~4 mil）。可全做成 B-stage，也可分别做成 B-stage 与 C-stage 等两层。后者压贴时其底垫上（Garget Pad）的介质层厚度较易控制，但成本却较贵。然后利用 CO_2 激光，根据蚀铜底片的坐标程式去烧掉窗内的树脂，即可挖空到底垫而成微盲孔。此法原为"日立制作所"的专利，一般业者若要出口到日本市场时，需要谨慎法律问题。

②开大铜窗法（Large Conformal mask）。上述的成孔孔径与铜窗口径相同，故一旦窗口位置有所偏差时，即将带领盲孔走位而对底垫造成失准（Misregistration）的问题。此铜窗的

偏差可能来自 PCB 板材涨缩与影像转移的底片问题,大板面上不太容易彻底解决。

所谓"开大窗法"是将口径扩大到比底垫还大约 2 mil。一般若孔径为 6 mil 时,底垫应在 10 mil 左右,其大窗口可开到 12 mil。然后将内层板底垫的坐标资料传输给激光成孔设备,即可烧出位置精确对准底垫的微盲孔。也就是在大窗口备有余地时,让孔位获得较多的弹性空间。于是激光得以另按内层底垫的程式去成孔,而不必完全追随窗位去烧制已走位的孔。

③树脂表面直接成孔法。本法又可细分为几种不同的途径,现简述如下:

a. 按前述 RCC + Core 的做法进行,但不开铜窗而将全部铜箔烧光,若就制程本身而言此法反倒方便。之后可用 CO_2 激光在裸露的树脂表面直接烧孔,再做 PTH 以过孔与成线。由于树脂上已有众多微坑,故其后续成垫成线的铜层抗撕强度(Peel Strength)应该比感光成孔(Photo Via)板类靠高锰酸钾对树脂的粗化要好得很多。但此种牺牲铜皮而粗麻树脂表面的做法,仍不比真正铜箔来得更为附着牢靠。

本法优点虽可避开影像转移的成本与工程问题,但却必须在高锰酸钾"除胶渣"方面解决更多的难题,最大的危机仍是焊垫附着可靠度的不足。

b. 其他尚有采用:

(a)FR – 4 胶片与铜箔代替 RCC 的类似做法;

(b)感光树脂涂布后压着牺牲性铜箔的做法;

(c)干膜介质层与牺牲性铜箔的压贴法;

(d)其他湿膜树脂涂布与牺牲性铜箔法等,皆可全部蚀刻得到坑面后再直接烧孔。

c. 超薄铜皮直接烧穿法。内层核心板两面压贴背胶铜箔后,可采用"半蚀法"(Half Etching)将其原来 0.5 OZ(17 μm)的铜皮蚀薄到只剩 5 μm 左右,然后再去做黑氧化层与直接成孔。

(3)化学蚀孔。

化学蚀刻法是在涂树脂铜箔上制作盲孔的一项低成本而又行之有效的工艺方法。化学蚀刻法是在覆铜板表面做抗蚀层(干膜或湿膜),用只含盲孔孔位的底版曝光/显影/蚀刻铜,去掉孔表面的铜形成裸窗口,露出介质层树脂。然后用加热的浓硫酸喷射到裸窗口上,蚀刻掉树脂,形成盲孔。

 考核评价 **与** 技能训练

1. PCB 板材下料要注意哪些事项?

2. PCB 钻孔基本操作步骤是什么?

3. 使用 Create – MPD 高精度微型台钻进行一块单面板钻孔,要求包含三种孔径以上的孔。

4. 使用 Create – DCD3400 全自动数控钻床进行一块双面板钻孔,要求包含五种孔径以上的孔。

第5章　印制电路金属化孔

5.1　物理与化学沉铜

1. 金属化孔前期工艺

板材抛光是制作高精密电路板必需的一个工艺步骤,它利用物理方法刷去铜面的氧化物和杂物,以及钻孔后孔周围产生的钉头、毛刺,并使光滑铜面粗糙,增加铜面摩擦和吸附能力,以利于后续沉铜制程。

如果没有抛光工艺,就可能影响线路的制作,在印刷油墨或覆干膜时会出现气泡或毛刺现象,从而给后续的工艺制作带来相当大的困难。因此,抛光设备是制板工艺中必备的覆铜板预处理设备,是保证精密电路板制作成功的关键。

(1)工艺描述:去除铜面上的污染物,增加铜面粗糙度,以利于后续的压膜制程。

(2)工艺流程:入板—抛光—吸干—烘干—出板。

①入板,将 PCB 板平放在送料台上,转动组件自动完成传送;

②抛光,双面抛光;

③吸干,三级吸水辊吸干;

④烘干,风机烘干,参考设定温度设置在 50 ~ 70 ℃范围内;

⑤出板。

(3)抛光操作。

首先介绍 Create – BFM2200 全自动电路板抛光机(图 5.1)抛光作业。

Create – BFM2200 全自动电路板抛光机采用单刷抛光工艺,带水洗与一级吸水辊,传送速度可调,带热风烘干功能,操作简单,维护方便,内部结构紧凑,可应用于厚度为0.3 ~ 6 mm 的板材表面与内孔抛光。

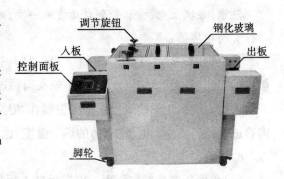

图 5.1　Create – BFM2200 全自动电路板抛光机

具体操作如下：

①准备工件(如PCB板)。

注意：如果材料表面出现有胶质材料、油墨、机油、严重氧化等,请先人工对材料进行预处理,以免损坏机器。

②连接好抛光机电源线,并打开进水阀门。

③按下控制面板"加热"按钮,设备预加热。

④调节刷光机上侧压力调节旋钮。增大压力：旋钮往标识"紧"方向旋转；减小压力：旋钮往标识"松"方向旋转。

⑤进料。待温度升至设定温度后,将工件(如PCB板)平放在送料台上,轻轻用手推送到位,随后转动组件自动完成传送。

注意：多个工件加工时,相互之间保留一定的间隙。

⑥抛光。抛光机后部有出料台,工件会自动传送到出料台。

注意：出料后请及时取回工件。

其次,介绍Create – BFM3200全自动电路板抛光机(图5.2)抛光作业。

Create – BFM3200全自动电路板抛光机采用双刷抛光烘干工艺,主要用于基板表面抛光处理,如：钢板、铝板、不锈钢板等,表面光洁度可达6.3以上。

图5.2　Create – BFM3200全自动电路板抛光机

本机操作简单,内部结构紧凑,传动采用直流电机无级调速,速度任意可调,刷辊用Y系列电机,烘干采用远红外电加热管,使用寿命长,热效率高,经过刷光后的板子直接可丝印,简化了生产环节,对产品质量、节能方面有独特之处。

具体操作如下：

a.开机过程：

合上电源开关—接通水源,开启刷辊喷淋管—开启刷辊传动开关—开启刷辊摆动开关—开启水洗球阀—开启传送电机开关—摆放工件,进行作业。

注意：每次上电,喷淋管会自动喷淋一次,时间约为20 s,时间到后自动断开。

b.待机界面：

待机界面,显示"上刷""下刷""烘干""传送",均为关闭状态,显示"OFF",并显示烘干箱内的实测温度及设定温度,按上下箭头可修改设定温度,调节范围为20 ~ 80 ℃。

人机界面采用触摸式操作与按钮操作相结合的方式,用户可以根据液晶屏显示的图标内容进行预备操作,如设定合适的烘干温度,也可以通过调节旋钮设置传送速度。

c.设备操作：

(a)单面板抛光操作流程。根据板材入板情况选择上刷或者下刷操作,如抛光面朝上,则选择上刷抛光；抛光面朝下,则选择下刷抛光；当刷滚电机启动后,传动和烘干立即启动,待烘干系统进入恒温状态后,即可按工艺流程进行操作。

（b）双面板抛光操作流程。选择上刷和下刷抛光;当刷滚电机启动后,传动和烘干立即启动,待烘干系统进入恒温状态后,即可按工艺流程进行操作。

d. 关机顺序:

关闭刷辊传动电机开关—关闭刷辊摆动电机开关—关闭水洗开关—关闭传送电机开关—关闭总电源开关,全部按钮复零位。

抛光工艺效果图如图 5.3 所示。

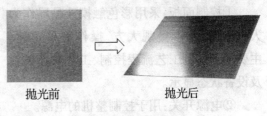

抛光前　　　　　　抛光后

图 5.3　抛光效果图

e. 操作注意事项:

（a）如果材料表面出现有胶质材料、机油、严重氧化等,请先人工对材料进行预处理,以免损坏机器;表面含铅锡的板子,不可进入机器抛光。

（b）市水洗时,注意喷出的水流是否畅通,水压是否足够,水流不畅不能进行工作,否则易损坏刷辊。

（c）检查入板口有无异物,防止异物进入损坏机器。

（d）多个板子同时抛光时,板子之间应留有适当距离,以防止板子重叠。

（e）考虑到热惯性和 PVC 的耐热性,建议将温度设定在 50~70 ℃ 范围内。

（f）遇紧急情况,立即按"急停"按钮停止机器运转,紧急情况解除后,向右旋转"急停"按钮,解除"急停"。

（g）应保持触摸屏干燥,避免水滴到屏上,否则可能导致触摸操作失效。

（h）设备闲置,须切断电源,以防事故发生。

2. 环保物理金属化孔工艺

在双面及多层电路板制作中,金属化孔工艺是必须且非常关键的一个工艺步骤,它直接影响到印制板的层间互连质量。

金属过孔机具有物理沉铜和镀铜双工艺,采用国外流行的黑孔工艺,先进的开关式恒流技术,电镀电流稳定,不受其他的外部因素影响;与传统的线性电镀电源相比,工作电压宽,短路恒流保护;具有很强的适应性和较低的电镀功率损耗,效率达 80% 以上。

下面以 Create - MHM4600 智能金属过孔机为例介绍金属化孔工艺。

Create - MHM4600 智能金属过孔机使用具有高精度、高稳定性的数字控制芯片来调节输出电流,配合液晶触摸屏显示使输出电流的分辨率低于 50 mA。

（1）安全规程。

①通电加热前确保液面位不得低于加热管红色标识之下,以防止加热管被烧坏。

②用手及身体其他部位直接接触各反应槽的液体,以免加热的化学液体伤害皮肤。

③液体不能混合使用。

④镀铜时,PCB 板应正确夹在电镀负极上。

⑤负压气泵为本设备专用,不能用于其他。

金属过孔工艺流程为:整孔—水洗—黑孔—通孔—烘干—整孔—水洗—黑孔—通孔—烘干—微蚀—加速—镀铜—水洗—抛光—烘干。

（2）设备介绍。

设备功能说明（图5.4）如下:

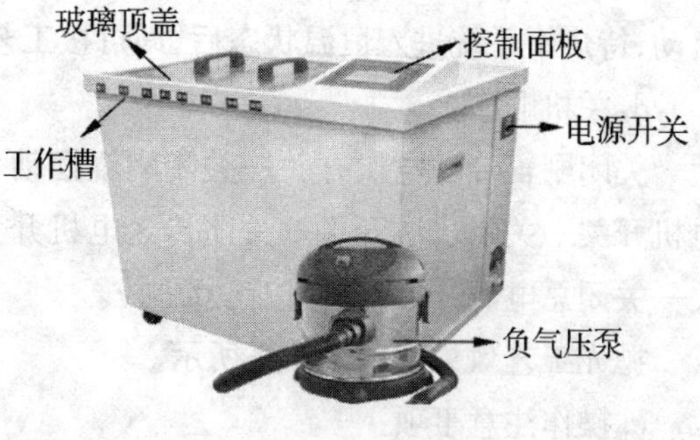

①控制面板:采用彩色触摸液晶屏作为人机界面,外形美观大方,操作简单便捷。主要用于设备工艺流程控制、工艺参数设置及设备状态显示。

②电源开关:用于控制整机的电源。

③负气压泵:高强真空吸力,强气流设计,主要用于黑孔后的通孔,以防过多的黑孔液塞孔。

图5.4　Create – MHM4600 智能金属过孔机

④工作槽:"整孔""水洗""黑孔""通孔""微蚀""加速""镀铜"等为设备主要工作槽,用于完成相应工艺流程。

⑤玻璃顶盖:主要用于整机的液体保护,带开盖检测功能,当设备处于开盖时,自动禁止加热和运行,以保护操作者安全。

（3）设备操作。

①药液配置。首次使用设备时,需先进行各槽药液配制。

打开顶盖及内盖,站在上风位,为各槽加入标准配置的相应药液（整孔液、黑孔液、微蚀液、水及镀铜液）,盖好内盖及顶盖。

②机器上电。接好电源线,开启电源开关,液晶显示开机界面,接着运行自检程序,自检完毕进入待机界面,如图5.5所示。

③参数设置:

a. 在待机界面,点击"设置"按钮,进入参数设置界面,如图5.6所示。

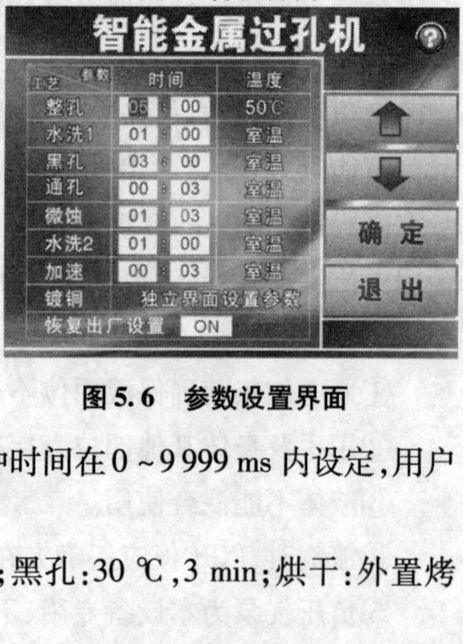

b. 参数设置方法。直接点击所要设定的参数,选中需设置的参数项,通过⬆或⬇按钮调整参数值。同样操作,依次完成所有参数设置后,点击"退出"按钮可保存本次设定的参数,并退出设置状态,返回到待机界面。

c. 在镀铜界面,点击界面即可进入界面设置,如图5.7所示。

d. 设置方法:直接点击所要设定的区域,按"＋""－"按钮即可进行参数的设定。

正负脉冲电镀电流一般在0～30 A之内设定,正负脉冲时间在0～9 999 ms内设定,用户可根据自己的需要设定。电镀时间一般为20～30 min。

各级工艺参数如下:整孔:50 ℃,5 min;各市水洗:30 s;黑孔:30 ℃,3 min;烘干:外置烤

图5.5　待机界面

图5.6　参数设置界面

箱 75 ℃,3 min;微蚀:25 ℃,30 s;加速:25 ℃,30 s;镀铜:
2 A/dm²,20 min。

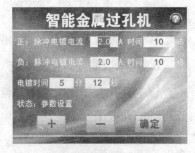
图 5.7　镀铜参数设置界面

④设备运行:

a. 待机界面下,当槽内温度达到设定温度后,戴好防护手套,用各槽内盖夹具夹好板件,盖好内盖及顶盖,点击"运行"即可。

b. 运行完毕,蜂鸣器报警提示,点击"停止"可解除报警,然后取出板件,即可进行下一工艺。

c. 在镀铜运行界面(图5.8),设定好镀铜相关参数后,按"开"按钮即可启动镀铜;再次按下同样的按钮,即可关闭设备镀铜。

d. 在镀铜主界面,按下"波形"按钮即可查看波形图片(图5.9)。

图 5.8　镀铜运行界面

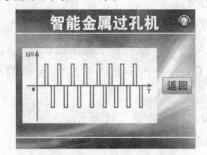
图 5.9　镀铜波形界面

在波形界面,按下"返回"按钮即可退回镀铜操作界面,并保存相应的参数。在返回到镀铜主界面之后,按下"返回"按钮即可保存参数回到待机主界面参数设置。

注意:设备运行中,如打开顶盖,设备将停止工作。

⑤镀铜说明。将加速后的覆铜板用镀铜夹具夹好。挂在阴极(中间架)上,设置好电流大小和时间。按下"运行"按钮开始镀铜,镀铜完成后所有孔壁均可看见一层具有光亮铜颜色的镀层。

镀铜完成后,取出板件,水洗、抛光、烘干备用。

(4)查看帮助。

初次使用设备或者出现异常情况时,请查看设备的帮助功能。

在待机界面点击 按钮,即可进入帮助界面,如图5.10所示。

在帮助界面,按 或 按钮可以上下翻页,按 按钮可退出帮助界面。

(5)异常处理。

按照沉铜工艺完成后,镀铜,发现有孔镀不上铜:

①钻机参数设置不正确,请设置合适的钻孔参数。

②钻头超过使用寿命,导致钻孔质量不好,披锋严重,请使用新钻头。

③整孔药或黑孔液疲劳,或者长久放置导致失效,

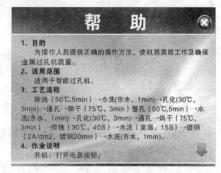
图 5.10　帮助界面

请维护或更换新的药液。

④镀铜参数不对或者镀铜液疲劳,请调整合适的镀铜参数,或维护镀铜液。

3. 化学沉铜金属化孔工艺

沉铜是孔金属化工艺中非常关键的一个工艺步骤,它通过电性相吸及物理吸附作用,在正电性的孔壁上吸附一层带负电的导电物质,用以在绝缘孔壁表面上形成一层导电膜,以利于后续电镀。

其工艺流程为:接前序钻孔及抛光工序—整孔—黑孔—烘干—整孔—黑孔—烘干—微蚀—接后序加速及镀铜工艺。

工艺参考参数:整孔50 ℃,5 min;黑孔30 ℃,3 min;烘干参考参数:75 ℃,烘3 min;微蚀参考参数:室温喷淋微蚀20 s,依环境温度和药液新旧酌情调整微蚀时间,以完全去除表面黑孔炭粉为佳。

本节将主要以 Create – PTH4200 智能沉铜机和 Create – PTH6200 全自动沉铜机加 Create – AWS6200 全自动喷淋微蚀机组成的沉铜线为例来介绍沉铜工艺。

（1）Create – PTH4200 智能沉铜机的沉铜工艺操作。

图 5.11　Create – PTH4200 智能沉铜机

①设备结构如图 5.11 所示。

②功能说明(图 5.11):

a. 电源开关:主要用于控制整机的电源。

b. 控制面板:采用彩色触摸液晶屏作为人机界面,外形美观大方,操作简单便捷。主要用于设备工艺流程控制、工艺参数设置及设备状态显示。

c. 开盖检查:当处于开盖时,设备自动禁止加热和喷淋运行,以保护操作者安全。

d. 工作槽:"整孔""水洗""黑孔""通孔""微蚀"为设备主要工作槽,用于完成相应工艺流程。

③药液配置。首次使用设备时,需为各槽加入标准配置的药液至合适液位。

④开机。接好电源线,开启电源开关,液晶显示开机界面,接着运行自检程序,自检完毕进入待机界面,如图 5.12 所示。

图 5.12　待机界面

⑤参数设置:

a. 在待机界面,点击"设置"按钮,进入参数设置界面,如图 5.13 所示。

b. 参数设置方法。直接点击要设定的区域,选中需设置的参数项,通过或按钮调整参数值。同样操作,依次完成所有参数设置后,点击"退出"按钮可保存本次设定的参数,并退出设置状态,返回到待机界面。

c. 设备运行。待机界面下,当槽内温度达到设定温度后,戴好防护手套,用内盖自带的夹具夹好板件,盖好内盖及玻璃顶盖,点击"运行"按钮即可,如图 5.14 所示。

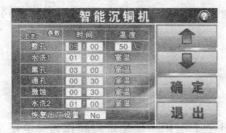

图 5.13　参数设置界面　　　　　　　　图 5.14　运行界面

运行完毕,待沥水完毕,蜂鸣器报警提示,点击"停止"按钮可解除报警,然后取出板件,即可进行下一工序。

注意:设备运行中,如打开玻璃顶盖,设备将停止工作。

⑥查看帮助。初次使用设备或者出现异常情况时,请查看设备的帮助功能。在待机界面点击 按钮,即可进入帮助界面,如图 5.15 所示。

在帮助界面,按 按钮或 按钮可以上下翻页,按 按钮可退出帮助界面。

(2)Create - PTH6200 全自动沉铜机加 Create - AWS6200 全自动喷淋微蚀机组成的沉铜线的沉铜工艺操作。

Create - PTH6200 全自动沉铜机(图 5.16)操作介绍如下。

图 5.15　帮助界面

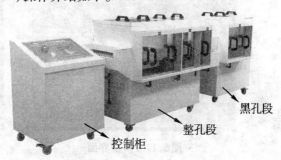

图 5.16　全自动沉铜机

①整机结构。

②整孔段。

a. 各槽结构:

(a)整孔槽:水刀清洁整孔,并调整孔壁电荷。

(b)自来水清洗:外接自来水,压力喷淋。

(c)纯净水清洗:压力喷淋。

b. 内部管路:

(a)排水管:市水洗与纯水洗槽的排水管路。

(b)排水阀:分别为市水洗、纯水洗槽的排水阀门,在往槽内加水前需确认此阀门处于关闭状态。

(c)溢流管:市水洗槽的溢流管道。

(d)进水管:市水洗槽的进水管道。

(e)排液管:整孔槽排液管路。

(f)排液阀:整孔槽排液阀门,开机前需确认此阀门处于关闭状态,排液时需将此阀门打开,并将循环阀关闭。

(g)水床液位控制阀:控制水床液位。

(h)循环阀:除排液外,此阀门需一直打开。

c.黑孔段:

(a)黑孔槽:黑孔是在经前面工艺处理后的孔壁上沉积一层黑炭皮膜作为导电层,使后续镀铜能顺利进行。

(b)内盖:保护液体。

(c)风刀:干板,通孔。

(3)操作说明。

①机器上电:首次使用设备时,需先往各个槽内添加好相应的药液,然后接好电源线,开启电源开关,液晶显示开机界面,接着运行自检程序,自检完毕进入主界面,如图 5.17 所示。

②参数设置:

a.点击"设置"按钮,进入参数设置界面,如图 5.18 所示。

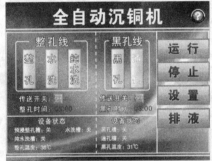

图 5.17　待机界面

图 5.18　参数设置界面

b.参数设置方法。直接点击要设定的区域,选中需设置的参数项,通过▲或▼按钮调整参数值。同样操作,依次完成所有参数设置后,点击"退出"按钮可保存本次设定的参数,并退出设置状态,返回到主界面。

③设备运行(图 5.19)。

a.待机界面下,确认各槽内温度是否达到设定温度并显示恒温。

b.在设备进料口侧将待蚀刻板件放置于进料检测传感器下方即可自动进行蚀刻作业。

c.出料后请及时取回并检查工件。

注意:多个工件加工时,相互之间保留一定的间隙。

(4)排液操作。

设备长时间闲置时,可通过设备的排液装置,将黑孔液排至专用桶,密封保存,以延长药液有效使用寿命。

在主界面点击"排液"按钮,进入排液界面,如图 5.20 所示。

图 5.19　运行界面　　　　　　图 5.20　排液界面

特别注意:排液前,必须确认排液阀门处于关闭状态,接好排液管及专用桶后,再点击触摸屏上的"整孔线排液"或"黑孔线排液"按钮,然后打开相应的排液阀门开始排液。

(5)帮助说明。

初次使用设备或者出现异常情况时,请查看设备的帮助功能。在待机界面点击 按钮,即可进入帮助界面,如图 5.21 所示。

在帮助界面,按 或 按钮箭头可以翻页,按 按钮可退出帮助界面。

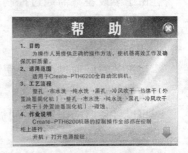

图 5.21　帮助界面

(6)异常处理。

①设备开机后,整孔槽或黑孔槽严重起泡:

a.水床液位控制阀调节不当;

b.回液阀调节不当。

②按照沉铜工艺完成后,镀铜,发现有孔镀不上铜:

a.钻机参数设置不正确,请设置合适的钻孔参数;

b.钻头超过使用寿命,导致钻孔质量不好,披锋严重,请使用新钻头;

c.镀铜参数不对或者镀铜液疲劳,请调整合适的镀铜参数,或维护镀铜液。

③卡板。在连续进板时,请保证前后板间距在 80 mm 以上。

4. Create – AWS6200 全自动喷淋微蚀机

(1)设备结构。

(2)功能说明(图 5.22)。

①工作观察窗:便于实时观察设备工作情况,密封性好,拆卸方便,便于设备的监测和维护。

②入板口:用于待微蚀板件进料,微蚀时只要将板材平放于此,启动设备,机器将自动带入。

③压力表:当微蚀槽喷淋时,两表分别用于指示上下喷淋的压力,通过调节阀门,可以使上下喷淋压力平衡,确保上下微蚀均匀。

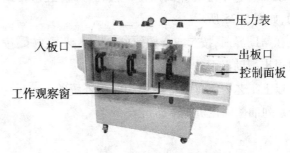

图 5.22　Create – AWS6200 全自动喷淋微蚀机

④出板口:用于工艺完成后板件的出料。

⑤控制面板:采用界面美观、操作便捷的彩色触摸液晶屏作为人机界面,用于设备工艺流程控制、工艺参数设置及设备状态显示。

(3)微蚀液配置。首次使用设备时,需往微蚀槽内加入标准配制的微蚀液,然后盖好各内盖及顶盖。

(4)设备上电。打开电源开关,系统运行自检程序,自检完毕系统进入主界面,如图 5.23 所示。

(5)参数设置。

在主界面,点击"设置"按钮,进入参数设置界面。

由于本设备只需通过控制面板的调速旋钮调试好合适的工艺时间即可,故在彩色触摸液晶屏界面无需设置参数。

(6)运行。

当工艺时间通过调速旋钮调试合适后,点击"运行"按钮即可开始运行。

(7)排液。

当设备长时间闲置时,如放假,请将液体排回至塑料桶,密封保存,以延长药液的使用寿命。

将排液管用内径 16 mm 白色波纹软管连接至塑料桶,并打开排液阀,然后在主界面,点击"排液"按钮,即可开始排液,如图 5.24 所示。

图 5.23　待机界面　　　　　图 5.24　排液界面

(8)帮助说明。

初次使用设备或者出现异常情况时,请查看设备的帮助功能。在待机界面点击按钮,即可进入帮助界面,如图 5.25 所示。

在帮助界面,按或按钮可以上下翻页,按按钮可退出帮助界面。

以上工艺中所有烘干作业均使用外置的 Create-PSB 系列油墨固化机烘干即可。

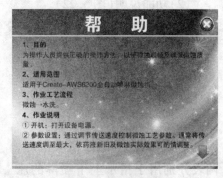

图 5.25　帮助界面

5.2　电镀铜

1. 电镀铜的基本原理与镀铜液

镀铜是工业制板中的一个重要环节,它是在黑孔工艺的基础上,利用电镀时建立的电场,在电位差的作用下将镀液中的铜离子移动到阴极(经黑孔处理的钻孔板)上沉积形成镀层,使原本绝缘的通孔管壁形成均匀、致密、结合力良好的金属铜层,从而使得导通孔成为PCB 板各层之间的电性连接桥梁。

2. 电镀铜工艺

(1)工艺描述。孔壁已吸附了一层碳颗粒,碳颗粒是导电的,通过电镀在碳层上的电镀铜层,从而达到多层板双面过孔导通。

粗铜(磷铜)作为阳极,待镀件作为阴极,施加直流电源即可。

阳极化学反应:$Cu - 2e \Longrightarrow Cu^{2+}$ 和 $2H_2O \Longrightarrow O_2 + 4H^+ + 4e$

阴极化学反应:$Cu^{2+} + 2e \Longrightarrow Cu$ 和 $2H^+ + 2e \Longrightarrow H_2$

磷铜:青铜添加磷(0.03% ~ 0.35%),锡(5% ~ 8%)及微量元素(如铁 Fe,锌 Zn 等)组成。

覆铜板厚度:OZ(盎司),1 OZ = 28.349 5 g,厚度为 0.18 mm

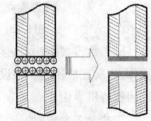

图 5.26　原理图

(PCB 板上铜箔的厚度是用每平方英尺重量来计算的);

电镀铜沉积速度以 μm 单位计量,一般的厚度都在 20 μm 以下,电镀电源的选择与溶液有关。

直流电源:快而且质量可靠,非常适合双面板。

反向电镀电源:慢,但镀层紧密,尤其多层板的深孔。

镀铜液影响参数:温度、添加剂、对流、电流密度和波形、前处理影响等。

(2)镀铜设备工艺操作介绍。

镀铜设备主要根据电镀电流大小分为 30 A 的 Create - CPC3600 镀铜机、50 A 的Create - CPC4200 智能镀铜机和 100 A 的 Create - CPC4600 智能镀铜机。下面以 Create - CPC4600 智能镀铜机为例介绍镀铜工艺操作。

①设备结构。

②功能说明(图 5.27)。

a. 控制面板:采用彩色触摸液晶屏作为人机界面,外形美观大方,操作简单便捷。主要用于设备工艺流程控制、工艺参数设置及设备状态显示。

b. 电源开关:用于控制整机的电源。

c. PVC 顶盖:主要用于整机的液体保护。

d. 工作槽:"加速""镀铜"为设备主要工作槽,用于完成相应工艺流程。

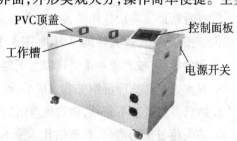

图 5.27　Create - CPC4600 智能镀铜机

③开机:接好电源并开启电源开关,系统进入自检程序,自检完毕进入待机界面,如图 5.28 所示。

④参数设置。

a. 在待机界面,点击"设置"按钮,进入参数设置界面,如图 5.29 所示。

图 5.28　待机界面　　　　　　　　　图 5.29　参数设置界面

b. 参数设置方法:直接点击,选中需设置的参数项,通过▢或▢按钮调整参数值。同样操作,依次完成所有参数设置后,点击"退出"按钮可保存本次设定的参数,并退出设置状态,返回到待机界面。

工艺参考参数:加速:室温浸泡 30 s。镀铜:根据覆铜板的表面积,按照 2 A/dm^2 确定电镀电流的大小,电镀时间为 20 min。

⑤镀铜作业:将加速后的覆铜板用电镀夹具夹好。紧挂在阴极(中间架)上,设置好电流大小和时间。按下"运行"按钮开始电镀,如图 5.30 所示。

电镀完成后蜂鸣器报警提示,点击"停止"按钮可解除报警,然后取出板件,所有孔壁均可看见一层具有光亮铜颜色的镀层,如图 5.31 所示。

镀铜完成后,取出板件,水洗,即可进入下一工序。

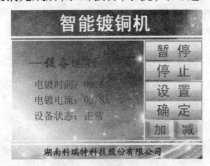

图 5.30　运行界面　　　　　　　　　图 5.31　镀铜效果

⑥查看帮助。初次使用设备或者出现异常情况时,请查看设备的帮助功能。在待机界面点击▢按钮,即可进入帮助界面,如图 5.32 所示。

在帮助界面,按▢或▢按钮可以上下翻页,按▢按钮可退出帮助界面。

⑦异常处理。按照沉铜工艺完成后,镀铜,发现有孔镀不上铜:

a. 钻机参数设置不正确,请设置合适的钻孔参数。

b. 钻头超过使用寿命,导致钻孔质量不好,披锋严重,请使用新钻头。

c. 整孔药或黑孔液疲劳,或者长久放置导致失效,请维护或更换新的药液。

图5.32 帮助界面

d. 镀铜参数不对或者镀铜液疲劳, 请调整合适的镀铜参数, 或维护镀铜液。

 考核评价 **与** 技能训练

1. 金属化过孔前为何需要抛光?

2. 详细说明 Create – BFM3200 抛光机的工作流程。

3. 详细说明 Create – MHM4600 智能金属过孔机的工艺流程及各工艺工作参数。电镀铜的基本原理是什么?

4. 使用 Create – BFM3200 抛光机分别对单面板和双面板进行抛光处理。

5. 使用 Create – MHM4600 智能金属过孔机完成一块双面板的金属过孔工艺, 要求孔径5种以上, 每种孔径不少于10个孔。

第6章 线路制作

6.1 概 述

线路制作是将电路图像转移到基板铜面上,并生成与电路图像相符的合格电路板的整个工艺过程;主要分为底片制作、图像转移和线路生成三大步骤。

1. 底片制作

根据制作工艺的不同可分为光绘底片和打印底片,其中光绘底片精度高,黑白对比度好,以上两种工艺的具体操作在第3章的底片制作中均有详细介绍。

同时,底片又可以分为正片和负片。如线路底片的负片是:需要的线路是白色,不需要的部分是黑色。干膜工艺中线路底片使用负片,湿膜工艺中线路底片则相反,使用正片。

2. 图像转移

按图像转移方式不同可分为直接图像转移和间接图像转移。

直接图像转移即图像打印底片通过热转印机直接将所需图像转印到基板铜面上的过程。

间接图像转移即将图像菲林底片的遮光效应对覆有感光材料层的覆铜基板进行曝光,从而达到图像转移目的的过程。

直接图像转移在前面第1章线路图形转印章节有介绍,所以下面将对间接图像转移进行具体介绍。

按图像转移介质的不同可分为干膜工艺和湿膜工艺两种,其工艺流程分别如下:

(1)干膜工艺:覆膜前处理—覆膜—曝光—显影—蚀刻—脱膜。

(2)湿膜工艺:油墨印刷前处理—感光油墨印刷—烘干—曝光—显影—镀锡—脱膜—蚀刻—褪锡。

3. 线路生成

保留基板上与设计线路图像相符的所需铜面,将基板上所需铜面以外的铜通过蚀刻去除,最后形成与设计相符的合格铜面电路板。

6.2　干膜工艺

1. 覆膜前处理

(1)覆膜前处理,即以磨刷方式进行板面清洁,清洁板面污物或氧化物、使板面粗化,以提供较好的附着力。其工艺流程为:入板—抛光—吸干—烘干—出板。

覆膜前处理工艺制程。

①准备工件(如 PCB 板)。

注意:如果材料表面出现有胶质材料、油墨、机油、严重氧化等,请先人工对材料进行预处理,以免损坏机器。

②开启抛光机进水阀门及电源。

③在待机界面下设置烘干温度为 50 ~ 70 ℃。

④调节刷光机两侧上方刷辊压力调节旋钮至适当位置。增大压力:旋钮往标识"紧"方向旋转;减小压力:旋钮往标识"松"方向旋转。

⑤进料。

(2)单面板抛光操作流程:根据板材入板情况选择上刷或者下刷操作,如抛光面朝上,则选择上刷抛光;如抛光面朝下,则选择下刷抛光;待温度升至设定温度后,将工件(如 PCB 板)平放在送料台上,轻轻用手推送到位,随后转动组件自动完成传送。

双面板抛光操作流程:选择上刷或者下刷操作,后续操作同"单面板抛光"。

注意:多个工件加工时,相互之间保留一定的间隙。

2. 干膜覆膜

(1)干膜简介。

能适用于各种蚀刻、电镀(铜、镍、金、锡、锡/铅等)以及掩孔用途。干膜由聚酯薄膜,光致抗蚀剂膜及聚乙烯保护膜三部分组成。

(2)使用原理。

经紫外光照射发生聚合反应,生成体型聚合物,感光部分不溶于显影液,而未曝光部分可通过显影除去,从而形成抗蚀图像。

(3)贴膜方法。

干膜贴膜时,先从干膜上剥下聚乙烯保护膜,然后在加热加压的条件下将干膜抗蚀剂粘贴在覆铜箔板上。干膜中的抗蚀剂层受热后变软,流动性增加,借助于热压辊的压力和抗蚀剂中黏结剂的作用完成贴膜。贴膜通常在贴膜机上完成,贴膜机型号繁多,但基本结构大致相同,一般贴膜可连续贴,也可单张贴。

连续贴膜时要注意在上、下干膜送料辊上装干膜时要对齐,一般膜的尺寸要稍小于板面,以防抗蚀剂粘到热压辊上。连续贴膜生产效率高,适合于大批量生产。

贴膜时要掌握好的三个要素为压力、温度和传送速度。

压力:新安装的贴膜机,首先要将上下两热压辊调至轴向平行,然后用逐渐加大压力的办法进行压力调整,根据印制板厚度调整,使干膜易贴牢、不出皱褶。一般压力调整好后就可固定使用,如生产的电路板厚度差异过大需调整,一般线压力为 0.5 ~ 0.6 kg/cm。

温度:根据干膜的类型、性能、环境温度和湿度的不同而略有不同,如果膜涂布得较干且环境温度低、湿度小时,贴膜温度要高些,反之可低些,暗房内良好稳定的环境及设备是贴膜的良好的保证。

一般如果贴膜温度过高,那么干膜图像会变脆,导致耐镀性能差,贴膜温度过低,干膜与铜表面黏附不牢,在显影或电镀过程中,膜易起翘甚至脱落。通常控制贴膜温度在 100 ℃ 左右。

传送速度:与贴膜温度有关,温度高,传送速度可快些,温度低则将传送速度调慢。通常传送速度为 0.9 ~ 1.8 m/min。

通常大批量生产时,在所要求的传送速度下,热压辊难以提供足够的热量,可以给要贴膜的板子进行预热,即在烘箱中干燥处理后稍加冷却便可贴膜,或以减慢贴膜的速度来保证。

(4)保存。

干膜应水平放置于干燥冷暗的场所(5 ~ 20 ℃、湿度为 60% 以下),避免阳光直接照射。

以 Create – GTM2200 自动覆膜机为例介绍干膜覆膜工艺操作。

①结构说明(图 6.1,图 6.2)。

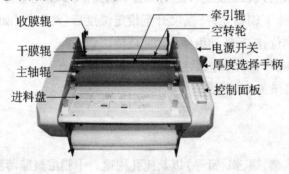

图 6.1 覆膜机

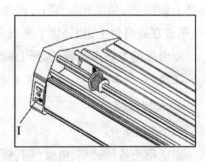

图 6.2 局部结构图

②功能介绍。

a. 电源开关:电源在机身后。插上电源,按下标注"I"为开机,显示面板会亮;按下标注"O"为关机。

b. 风扇开关:位于机身后。插上风扇电源,按下标注"ON"为风扇开;按下标注"OFF"为风扇关。

c. 厚度选择手柄:根据被覆件的厚薄选择合适的挡位,最高为空挡。(此时胶辊停止运行)

d. 控制面板:

(a)显示屏:显示当前温度,胶辊运行速度、工作状态(如恒温、冷却等)。

(b)功能键:

模式键 120/8:按下此键温度设置自动达到 120 ℃,速度设置达到 8 挡。

模式键 115/6:按下此键温度自动达到 115 ℃,速度设置达到 6 挡。

模式键 110/5:按下此键温度设置达到 110 ℃,速度设置达到 5 挡。

模式键105/3:按下此键温度设置自动达到105 ℃,速度设置达到3 挡。

运行键:按下此键加热启动温度升至设定温度,胶辊运转。

停止键:按下此键胶辊停止运行,加热停止。

冷压键:按下此键胶辊继续运行,加热停止,风扇启动。

反转键:按下此键胶辊倒转,以方便清理碎屑和裹覆物。

测温键:按下此键测量当前温度。

C/F 键:华氏度和摄氏度之间的转换。

温度 + 键:按下此键会越过以前设置的温度直接升至预期温度。

温度 - 键:按下此键会越过以前设置的温度直接降至预期温度。

速度 + 键:按下此键速度提升至预期速度。

速度 - 键:按下此键速度下降至预期速度。

进料盘:用于支撑被覆件,移动上面的限位块可作进料导向。

空转轮:紧挨着卷辊,用于向热卷辊上顺畅导膜,末端可拿下易于装膜。

牵引辊:位于机身后,电机驱动。拉平膜面,提高覆膜质量。

断路器:位于机身后靠近电源线,如果中断,操作者可自行重新设置(按下红按键即可)。

③操作说明。

装双面干膜:打开位于机身后的电源 A,如图 6.3 所示→安装干膜→按图 6.4 安装好干膜。

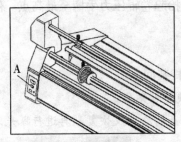
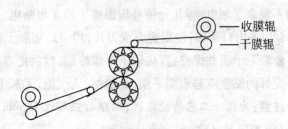

收膜辊
干膜辊

图 6.3 局部结构图   图 6.4 干膜安装图

a. 膜松紧度的调整:膜的松紧度是否合适,应取决于闸的松紧度,尽量使被覆材料表面皱褶减到最小。膜的松紧度出厂时已设置好,如果不是膜覆好后向上或向下翘,只用 1.5 mil 或 3 mil 的膜则无须调整松紧度。一般来说 5 mil 和 10 mil 的膜需要更紧些,当膜卷变小时会更紧些,所以应经常检查膜的松紧度以使其适用。装好干膜后,放好安全罩和进料盘。

b. 设定温度和速度:按模式功能键,选择所需温度和速度,然后按"温度 +"按钮增加温度,按"速度"按钮提高传送速度,相反按"温度 -"按钮降低温度,按"速度 -"按钮减慢速度。

注意:

*不要给书钉、纸夹或装饰物等粗糙或铁制品覆膜。

*材料一旦卷入卷辊,要想重新调整,就会形成皱褶。

*材料完全覆好前不要停机,即使短暂的停机也会在材料上造成印痕。

效果良好、持续不断的覆膜效果来自于合适的热度、松紧度和覆压时间。覆压时间由电机速度和被覆材料在卷辊中覆压时间的规定来控制。当一张膜的相关数据按钮被选择时，覆膜机会相对于膜的厚薄来自动选择相应的速度与温度。

一般来说，稍厚一些的材料和膜需要较慢的速度，因为速度慢会使它们从卷辊上吸收更多的热量。较薄材料，如标准复印纸/棉纸相对吸热少，覆膜时速度可快一些。

速度设置过快时，"恒温"指示一直闪烁，这时，降低速度或按"停止"按钮直到"恒温"指示灯亮起。

一次连续超过 30 min 的覆膜操作应设置一个慢速，当被覆材料厚薄不等并轮流被覆膜时，建议不要将厚材料和薄材料同时覆膜，否则会使薄材料的边缘被封住。如果不能确定机器的设置是否适合被覆材料，建议用与材料厚度一样或相近的废纸试一下，这样会使覆膜效果更好。如果需要，可进行重新调整。

c. 机器预热：覆膜机自动默认到用于冷压膜的"冷压"状态；覆热膜请先设定好温度、速度后按"运行"键，机器将开始加热至设定温度，此时"恒温"显示闪烁。工作过程中"恒温"重复闪烁与不闪烁，是因为加热辊处于加热与不加热的切换之中，不影响使用，属正常现象。"恒温"指示灯常亮才可进行操作，预热时间大约 10 min。

d. 装入覆铜板：调整卷辊与被覆膜的位置，将覆铜板放在进料盘上，等预热完成后压下卷辊压力手柄，然后将覆铜板推进至卷辊的挤压点，覆膜逐张完成。异物阻塞按"停止"按钮。抬起卷辊压力手柄至最高点清除或按"反转"按钮退出清除。

e. 停止传送：所有材料完成覆膜后按"停止"按钮，且抬起卷辊压力手柄至最高点。停机后请不要急于断电，等几分钟卷辊温度下降了再断电。

f. 切齐出口干膜：使用剪刀或刀片，均匀地切断干膜。

g. 取下干膜并保存：直接取下干膜冷藏，然后把卷膜杆装回。

完好的贴膜应是表面平整、无皱褶、无气泡、无灰尘颗粒等夹杂。

注意：为保持工艺的稳定性，贴膜后应经过 15 min 以上的冷却及恢复期再进行曝光。

（5）割膜及自检。

①压膜后，割膜人员须检查板子有无气泡、皱褶；干膜里面是否有膜屑、铜渣等异物；板边干膜是否割整齐（板边不可残留干膜）。若有以上缺点，则予以退洗重新刷磨，烘干后再压膜。

②压完膜（图 6.5），板子须静置 15 min 以上才可曝光。

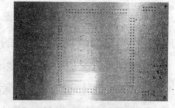

图 6.5　压膜效果图

3. 干膜曝光

干膜曝光，是用 UV 光照射，以黑色不透光底片当遮掩介质，而无遮掩的部分干膜发生聚合反应，进行影像转移，把底片上的线路转移到压好干膜的板子上。

由于应用干膜的各厂家所用的曝光机不同，即光源、灯的功率及灯距不同，因此干膜生产厂家很难推荐一个固定的曝光时间。国外生产干膜的公司都有自己专用的或推荐使用的某种光密度尺，干膜出厂时都标出推荐的成像级数，国内的干膜生产厂家没有自己专用的光密度尺，通常推荐使用瑞斯顿帜（riston）17 级或斯图费（stouffer）21 级光密度尺。

瑞斯顿 17 级光密度尺第一级的光密度为 0.5，以后每级以光密度差 ΔD 为 0.05 递增，到第 17 级光密度为 1.30。斯图费 21 级光密度尺第一级的光密度为 0.05，以后每级以光密度差 ΔD 为 0.15 递增，到第 2 数级光密度为 3.05。在用光密度尺进行曝光时，光密度小的（即较透明的）等级，干膜接受的紫外光能量多，聚合得较完全，而光密度大的（即透明程度差的）等级，干膜接受的紫外光能量少，不发生聚合或聚合得不完全，在显影时被显掉或只留下一部分。这样选用不同的时间进行曝光便可得到不同的成像级数。现将瑞斯顿 17 级光密度尺的使用方法简介如下：

①进行曝光时药膜向下；

②在覆铜箔板上贴膜后放 15 min 再曝光；

③曝光后放置 30 min 显影。

任选一曝光时间作为参考曝光时间，用 T_n 表示，显影后留下的最大级数称为参考级数，将推荐的使用级数与参考级数相比较，并按表 6.1 中的系数进行计算。

表 6.1　系数列表

级数差	系数 K	级数差	系数 K
1	1.122	6	2.000
2	1.259	7	2.239
3	1.413	8	2.512
4	1.585	9	2.818
5	1.778	10	3.162

当使用级数与参考级数相比较需增加时，使用级数的曝光时间 $T = KT_R$。当使用级数与参考级数相比较需降低时，使用级数的曝光时间 $T = T_R/K$。这样只进行一次试验便可确定最佳曝光时间。在无光密度尺的情况下也可凭经验进行观察，用逐渐增加曝光时间的方法，根据显影后干膜的光亮程度、图像是否清晰、图像线宽是否与原底片相符等来确定适当的曝光时间。

严格的讲，以时间来计量曝光是不科学的，因为光源的强度往往随着外界电压的波动及灯的老化而改变。光能量定义的公式 $E = IT$，式中 E 表示总曝光量，单位为 mJ/cm^2；I 表示光的强度，单位为 mW/cm^2；T 为曝光时间，单位为 s。从上式可以看出，总曝光量 E 随光强 I 和曝光时间 T 而变化。当曝光时间 T 恒定时，光强 I 改变，总曝光量也随之改变，所以尽管严格控制了曝光时间，但实际上干膜在每次曝光时所接受的总曝光量并不一定相同，因而聚合程度也就不同。为使每次曝光能量相同，故使用光能量积分仪来计量曝光。其原理是当光强 I 发生变化时，能自动调整曝光时间 T，以保持总曝光量 E 不变。

曝光工艺流程：菲林底片对位—曝光参数设置—曝光—取件自检。

下面分别以 Create - EXP3400 曝光机和 Create - EXP4600 双面自动曝光机为例对单面和双面曝光工艺操作进行介绍。

首先，介绍单面曝光工艺操作：

①设备结构。

②功能介绍(图 6.6)

a. 电源开关:控制整机电源。

b. 曝光灯保护功能:为保护曝光灯管,程序设定了灯管恢复时间。当该指示灯亮,表示曝光灯管已经过恢复时间,可以启动曝光灯。

c. 抽真空:抽真空状态指示灯,真空环境避免侧曝光,保证曝光精度。

d. 触摸彩屏:设置机器参数,控制机器运行。

e. 拉扣:锁紧橡胶翻盖,避免橡胶翻盖在工作过程中意外打开。

f. 抽真空气管:连接真空泵。

g. 开盖检测传感器:为避免意外曝光,设计此传感器,需待翻盖完全盖好后方可曝光。

h. 橡胶翻盖:密封、防尘。

③触摸屏界面说明(图 6.7)。

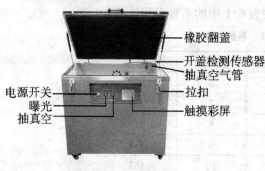

图 6.6 曝光机

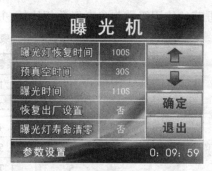

图 6.7 界面

a. 按钮:分别为曝光灯、真空、曝光、自动的开关按钮。

注意:通过"自动"按钮,可以一键实现曝光的整个流程:抽真空—点亮曝光灯—曝光—曝光完成。

b. 状态指示:指示设备当前的状态。

c. 累计时间:累计记录曝光灯的点亮时间,当单根曝光灯管累计点亮时间达到 100 h,由于灯光的老化,在做字符曝光时,需要延长曝光时间。

重新安装新灯管后,在参数设置界面,选中"曝光灯寿命清零"按钮,长按█或█按钮,可以对累计时间进行清零。

d. 参数设置按钮:通过此按钮可进入参数设置界面。

e. 电流状态指示:实时指示设备当前电流状态,点亮曝光灯后,需等待电流状态指示为"恒流"后,才能启动曝光操作。

④清洁作业台面:打开曝光机翻盖,检查玻璃平面是否干净,若有污点,应用毛巾蘸酒精擦洗干净。

⑤开机:接好电源并开启电源开关,设备进入待机界面。

⑥参数设置:在待机界面,按"设置"按钮,进入参数设置界面(图 6.8)。在参数设置界面,通过█或█按钮对当前参数值进行修改,修改完毕后,按"确定"按钮,可以保存参数并进入下一参数项的设置。全部设置完成后按██按钮,即可返回待机界面。

若需恢复出厂设置,或者进行曝光灯寿命清零,可在参数设置界面,通过"确定"按钮,选中对应项,长按▲或▼按钮即可。

曝光参考参数:曝光灯恢复时间为 100 s;预真空为 10 s;线路干膜曝光为 45 s;阻焊及字符油墨曝光时间为 180 s。

⑦曝光操作:将待曝光的板件与光绘菲林底片对齐贴牢,平放在玻璃平台上,等待曝光使能灯点亮(图 6.9)。

图 6.8 参数设置界面

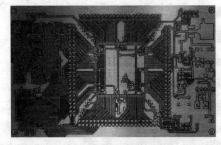

图 6.9 菲林对位效果图

⑧手动曝光:依次点击触摸屏"曝光灯""真空"按钮,待电流状态指示显示为"恒流"时,再按"曝光"按钮,即进行曝光操作。

曝光完成后,若需继续曝光,则再按"曝光"按钮即可。若暂时不需曝光,则按"曝光灯"按钮,熄灭曝光灯。

除手动曝光外,本设备也提供了一键操作、自动曝光的便捷方式。设置好参数后,待曝光使能灯点亮,按"自动"按钮,设备自动完成从"抽真空—点亮曝光灯—曝光—曝光完成"全过程。

①设备结构。

②功能说明(图 6.10)。

a. 控制面板:采用彩色触摸液晶屏作为人机界面,操作简单便捷,主要用于设备工艺流程控制、工艺参数设置及设备状态显示。同时设有急停与进出仓模式选择按钮。

b. 控制台:主要设有电源、上、下灯管启动、进出仓等控制按钮。

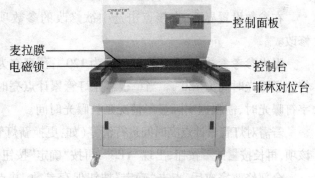

图 6.10 自动曝光机

c. 菲林对位台:采用黄色安全光,主要用于菲林底片的对位。

d. 电磁锁:锁紧麦拉翻盖,保证真空效果,避免麦拉翻盖在工作过程中意外打开。

e. 麦拉膜:在曝光时,通过真空系统压紧底片,避免侧曝光。

③触摸屏界面说明(图 6.11)。

a. 使能指示灯:指示当前的工作状态,点亮表示使能或已经运行。

b. 工艺时间:根据设备当前的工作状态,指示出相应的恢复或者曝光时间。

c. 状态栏:指示当前设备状态。

d.寿命统计:累计当前灯管的点亮时间,以便于设备工艺参数控制。

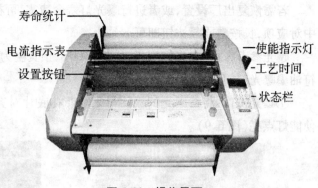

图 6.11　操作界面

e.电流指示表:碘镓灯灯管点亮时,实时指示出灯管工作电流。

f.设置按钮:点击"设置"按钮,即进入参数设置界面。

④操作说明。

a.清洁玻璃平面。打开曝光机翻盖,检查玻璃平面是否干净,若有污点,应用毛巾蘸酒精擦洗干净。

b.参数设置。接好电源线,开启电源开关,液晶显示开机界面,接着运行自检程序,自检完毕进入碘镓灯灯管恢复界面(图 6.12)。

在灯管恢复界面点击"设置"按钮,即可进入参数设置界面(图 6.13)。

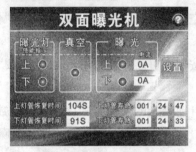

图 6.12　灯管恢复界面

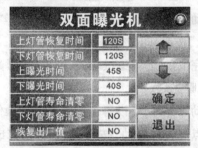

图 6.13　参数设置界面

在参数设置界面,直接点击选中欲修改的参数项,通过 ⬆ 或 ⬇ 按钮,对工艺参数进行修改。

曝光参考参数:曝光灯恢复时间为 120 s;预真空为 10 s;线路干膜曝光为 45 s;阻焊及字符油墨曝光时间为 180 s。当单根曝光灯管累计点亮时间达到 100 h,由于灯管的老化,在做字符曝光时,需根据实际显影情况延长曝光时间。

若需对灯管累计点亮时间进行清零(如:更换新灯管后),或者恢复出厂值,可先点击选中该项,再长按 ⬆ 或 ⬇ 按钮,出现"YES",再按"确定"按钮,即可清零或恢复出厂值(图 6.14)。

全部修改完成后,点击"确定"按钮保存参数,并点击"退出"按钮,退出参数设置界面,返回碘镓灯灯管恢复界面。

当设定恢复时间到,上下灯管使能灯点亮,状态栏显示"上、下曝光准备就绪"(图 6.15)。

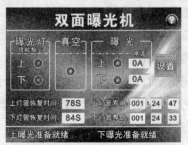

图 6.14　灯管寿命清零　　　　图 6.15　上、下曝光准备就绪

c.曝光操作。将待曝光板件贴好底片,平放在玻璃台面上,轻轻关好麦拉翻盖。旋转控制台进出仓旋钮至进仓,同时轻轻按下电磁锁上方的麦拉翻盖,锁好电磁锁。

设备状态栏显示上、下曝光准备就绪后,按下控制板上的"上灯管启动""下灯管启动"按钮,点亮碘镓灯灯管,设备自动进行抽真空。当真空度、电流恒定均满足时,设备自动打开快门,进行曝光操作(图6.16)。

d.曝光完成。曝光完成后,将控制台进出仓按钮选择为出仓。当出仓至设定位置时,电磁锁自动解锁,即可取出板件。

此时碘镓灯灯管仍处于点亮状态。若需继续曝光,按照前述"曝光操作"同样操作即可。若不需继续曝光,则可按下电源按钮,关掉设备,否则,设备将一直处于点亮状态,直至15 min内没有再次曝光,则自动熄灭碘镓灯。

e.帮助说明。初次使用设备或者出现异常情况时,请查看设备的帮助功能。

在待机界面点击 按钮,即可进入帮助界面,如图6.17所示。

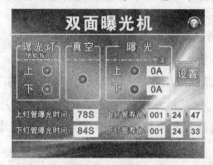

图 6.16　曝光中

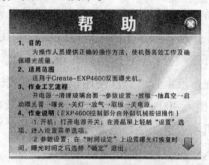

图 6.17　帮助界面

在帮助界面,按 或 按钮可以翻页,按 按钮可退出帮助界面。

曝光效果图如图6.18所示。

⑤异常处理。

a.使能指示灯点亮后,点亮曝光灯管,但无法启动曝光。

(a)检查开盖检测传感器是否检测橡胶翻盖到位;

(b)电流状态指示是否显示恒流;

(c)手动操作时未开启真空泵抽真空。

图 6.18　曝光效果图

b.抽真空效果不好或者需要很长时间:

(a)气路松动或密封性不好;

(b)真空泵未定期维护,导致吸气能力减小。

c.字符油墨经180 s曝光后,在显影时,发现字符易掉:随着使用时间的增加,曝光灯管存在老化,需延长曝光时间或者更换新的曝光灯管。

d.干膜显影。将感光膜中未曝光部分的活性基团与稀碱溶液反应生成的亲水性基团(可溶性物质)溶解下来,露出铜面,曝光部分经由光聚合反应不被溶胀,成为抗蚀层保护线路,具体效果如图6.19所示。

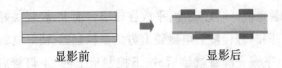

显影前　　　　　显影后

图 6.19　显影前后对比图

按照显影工艺设备的工作方式可分为垂直喷淋显影和水平喷淋显影。下面将以 Create – DPM4200 自动喷淋显影机和 Create – DPM6200 全自动喷淋显影机为例介绍垂直喷淋显影和水平喷淋显影。

（3）垂直喷淋显影。

①设备结构。

②功能说明（图 6.20）。

a. 电源开关：主要用于控制整机的电源。

b. 控制面板：采用彩色触摸液晶屏作为人机界面，外形美观大方，操作简单便捷。主要用于设备工艺流程控制、工艺参数设置及设备状态显示。

c. 工作槽："显影"为设备主要工作槽，用于完成显影工艺。

d. 开盖检查：当处于开盖时，设备自动禁止加热和喷淋运行，以保护操作者安全。

③显影液配置。首次使用设备时，需先进行显影液配制。打开玻璃盖及内盖，加入 40 L 水，然后倒入 400 g 显影粉，并盖好玻璃盖及内盖。（溶液浓度控制在 0.8% ~ 1.2%）。

④机器上电。接好电源线，开启电源开关，液晶显示开机界面，接着运行自检程序，自检完毕进入待机界面，如图 6.21 所示。

图 6.20　Create – DPM4200 自动喷淋显影机

图 6.21　待机界面

⑤参数设置。

a. 在待机界面，点击"设置"按钮，进入参数设置界面，如图 6.22 所示。

b. 参数设置方法：直接点击选中需设置的参数项，通过▲或▼按钮调整参数值。同样操作，依次完成所有参数设置后，点击"退出"按钮可保存本次设定的参数，并退出设置状态，返回到待机界面。

显影参考参数：45 ℃，显影 1 min。

⑥设备运行。待机界面下，当槽内温度达到设定温度后，用内盖自带的夹具夹好板件，盖好内盖及玻璃顶盖，点击"运行"按钮即可，如图 6.23 所示。

图 6.22　参数设置界面

运行完成，待沥水完毕，蜂鸣器报警提示，点击"停止"按钮可解除报警，然后取出板件，水洗,即完成显影工艺。

注意:设备运行中,如打开玻璃顶盖,设备将停止工作。

⑦查看帮助。

初次使用设备或者出现异常情况时,请查看设备的帮助功能。在待机界面点击 按钮,即可进入帮助界面,如图6.24所示。

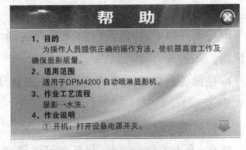

图6.23 运行界面　　　　　　　　图6.24 帮助界面

在帮助界面,按 或 按钮可以上下翻页,按 按钮可退出帮助界面。

(4)水平喷淋显影。

①设备结构。

②功能介绍(图6.25)。

a.工作观察窗:便于实时观察设备工作情况,密封性好,拆卸方便,便于设备的监测和维护。

b.入板口:用于待显影板件进料,显影时只要将板材平放于此,启动设备,机器将自动带入。

c.压力表:当显影槽喷淋时,两表分别用于指示上下喷淋的压力,通过调节阀门,可以使上下喷淋压力平衡,确保上下显影效果。

d.出板口:用于工艺完成后板件的出料。

e.控制面板:采用界面美观、操作便捷的彩色触摸液晶屏作为人机界面,用于设备工艺流程控制、工艺参数设置及设备状态显示。

③开机。插上并打开电源,设备系统进行自检,自检完毕,系统进入待机界面,如图6.26所示;同时检查各检测感应模块工作是否正常。

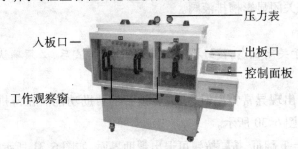

图6.25 Create-DPM6200全自动喷淋显影机　　　图6.26 待机界面

④参数设置。

a.在待机界面,点击"设置"按钮,进入参数设置界面,如图6.27所示。

b. 参数设置方法:直接点击选中需设置的参数项,通过  或 按钮调整参数值。同样操作,依次完成所有参数设置后,点击"退出"按钮可保存本次设定的参数,并退出设置状态,返回到待机界面。

显影参考参数:温度 45 ℃,时间 50 s。

⑤运行。

a. 待机界面下,确认槽内温度是否达到设定温度并显示恒温。

图 6.27 参数设置界面

b. 在设备进料口侧将待显影板件放置于进料检测传感器下方即可自动运行界面,如图 6.28所示。

出料后请及时取回并检查工件。

注意:多个工件加工时,相互之间保留一定的间隙。

⑥排液操作界面如图 6.29 所示。

图 6.28　运行界面

图 6.29　排液界面

设备长时间闲置时(如学校暑假),可通过设备的排液装置,将液体排至专用桶,密封保存,以延长药液有效使用寿命。

液体排放操作:

a. 准备好显影液专用储存容器,将排液管置于储存容器中;

b. 点击"排液"按钮,排液泵启动;

c. 先关闭显影槽循环阀,再开启显影槽排液阀进行排液;

d. 更换容器或排液完成都必须先关闭显影槽排液阀。

特别注意:

排液前,必须确认排液阀是否处于关闭状态,接好排液管及专用桶;排液后,必须确认排液阀是否处于关闭状态。

⑦查看帮助。初次使用设备或者出现异常情况时,请查看设备的帮助功能。在待机界面点击 按钮,即可进入帮助界面,如图 6.30 所示。

在帮助界面,按 或 按钮可以上下翻页,按 按钮可退出帮助界面,如图 6.31 所示。

图 6.30　帮助界面

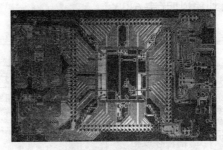

图 6.31　显影效果图

⑧异常情况处理见表 6.2。

表 6.2　异常情况处理表

常见问题	原因	解决办法
过显影或显影不足	显影参数不对	调整显影温度、时间
部分显影不足 或过显影	1. 底片问题 2. 喷嘴堵塞	1. 检查、修补底片 2. 清理喷嘴
显影后抗蚀层 附着力不强	1. 电路板前处理不好 2. 覆膜速度过快或温度太低 3. 干膜或油墨失效	1. 检查前处理,保证去除表面的氧化和油污,并保证板面有一定的粗糙度 2. 调整覆膜温度和速度 3. 改善干膜或油墨储存条件
基板上有碎膜残渣	1. 切膜留边过长 2. 显影机过滤器失效	1. 减少切膜留边 2. 检查显影机过滤器
掩孔干膜的孔膜破	1. 孔中有水分 2. 喷淋压力过大 3. 曝光指数不够	1. 覆膜前保证孔内水分烘干 2. 调节设备的喷淋压力 3. 延长曝光时间

6.3　湿膜工艺

1. 油墨印刷前处理（同覆膜前处理工艺）

2. 丝网印刷

　　丝网印刷,通过丝印机刮刀的均匀刮动,使感光油墨均匀透过丝网框并附着于基板铜面上,作为影像转移的介质。

　　下面将以 Create – MSM2200 电路板丝印机和 Create – MSM3300 电路板自动丝印机对手动印刷和自动印刷工艺进行介绍。

　　（1）设备结构（图 6.32）。

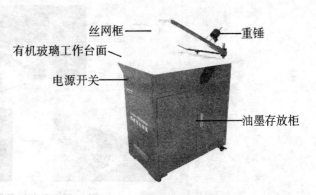

丝网框——　　　——重锤

有机玻璃工作台面——

电源开关——

——油墨存放柜

图 6.32　Create – MSM3200 电路板丝印机

（2）功能说明（表6.3）。

表6.3　功能表

序号	部件名称	功能
1	丝网框	用于丝印时均匀分配感光阻焊,字符油墨
2	工作台	有机玻璃工作台,带对位灯,方便对位操作
3	电源开关	控制对位灯电源
4	油墨存放柜	方便油墨及刮刀等的存放
5	重锤	方便丝网印刷操作

（3）工艺描述。

电路板丝印机作为湿膜制作的主要工具,Create－MSM3200 电路板丝印机带日光灯光源,操作平台为有机玻璃,对位极其方便;含 X,Y,Z,a 四维调节,调节精度高达 0.01 mm;适用于制作单双面电路板（尤其是大面积板）,PCB 板丝印制作,阻焊、字符感光层的涂敷等。

（4）工艺流程。

①表面清洁:将丝印台有机玻璃台面上的污点用酒精清洗干净。

②固定丝网框:将做好图形的丝网框固定在丝印台上,用固定旋钮拧紧。

③初步对位:对着刮丝印的 PCB 板（如顶层丝印）,在丝网框上找到相应的图形,用手初步对好位,将丝网框压下来,使 PCB 板紧贴有机玻璃台面,调节 PCB 板的位置,尽量使 PCB 板上孔的位置与丝印框上相应图形孔的位置重合,然后用胶布稍微固定一下 PCB 板。

④微调:开启对位光源,通过调节 X,Y,Z,a 方向旋钮调节 PCB 板位置,使 PCB 板上图形与丝网框上图形完全重合。

⑤刮丝印油墨:在有图形区域均匀上一层丝印油墨,一手拿刮刀,一手压紧丝网框,刮刀以 45°倾角顺势刮过来;揭起丝网框,即实现了一次文字印刷。

⑥湿膜制作工艺流程如图 6.33 所示。

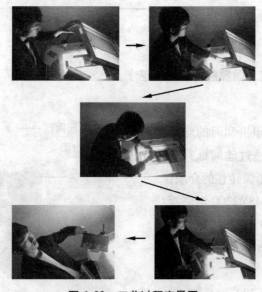

图6.33　工艺过程实景图

3. 自动印刷感光油墨

（1）设备结构（图6.34）。

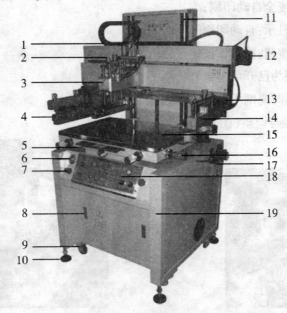

图6.34 自动印刷机

1—机头升降汽缸；2—印刷压力调节；3—机头；4—网夹；5—安全刹车板；6—气压表；7—调压阀；
8—配电箱；9—地脚轮；10—地脚杯；11—机头升降立柱；12—印制电机；13—网框行程调节手柄；
14—网臂；15—印刷台面；16—印刷台面微调；17—油水分离器；18—控制面板；19—机体

（2）控制面板说明（图6.35）。

①印刷速度旋钮：1 至 10 速度为从小到大；

②回墨速度旋钮：1 至 10 速度为从小到大；

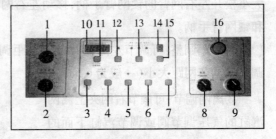

图6.35 控制面板

③手调按钮：按下该按钮，起机头升降作用；

④吸风方式选择按钮：按下该按钮左灯亮为长吸风，按下该按钮右灯亮为自动吸风；

⑤印刷回墨切换按钮：按一下该按钮为印刷刮刀下，回墨刀上；再按一下该按钮印刷刮刀上，回墨刀下；

⑥印刷停止模式选择按钮：可选择印刷回墨刀停左或停右；

⑦启动停止按钮：该按钮可选择启动或停止；

⑧电源开关：OFF 为关、ON 为开；

⑨风机开关：OFF 为关、ON 为开；

⑩印刷次数显示：半自动或全自动印刷时显示当前印刷的次数；

⑪计数清零按钮：按下该按钮，印刷次数归零；

⑫二次印刷按钮:按该按钮灯亮为二次印刷;

⑬运转方式选择按钮:当手动灯亮时,各运转方式为单步;当半自动或全自动灯亮时,动转方式显示为半自动或全自动印刷;

⑭印刷停顿时间显示:自动印刷间隔时间;

⑮自动定时设置按钮:按下该按钮停顿时间改变;

⑯电源指示:灯亮为已开启电源;

⑰离网开关:印刷时离网不粘网。

(3)印刷网版装置与调整(图6.36,图6.37)。

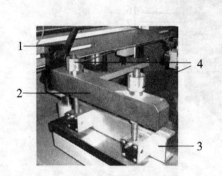

图 6.36　网板调整

1—网框调节手柄;2—网夹臂;
3—网夹;4—网距调节旋钮

图 6.37　手柄调整

1—网臂调节手柄;2—网夹臂;3—网框
锁紧手柄;4—网夹;5—离网汽缸

①启动电源开关,开启抬板开关,使印刷机头升起,把网版装入左网夹和右网夹,视网版大小松开左右网臂的锁网臂手柄,移动左右网臂,把网版装入网夹,然后锁紧网框,锁紧手柄和锁网臂手柄。

②网距调整:可调节左网夹臂上的网距调节旋钮,或打开机架后面附板,调节网架升降调节轮调节网距大小(一般为6 mm)。

③离网调节:可调节右网夹上离网汽缸的气压调节阀或调节汽缸下面的控制离网大小的螺丝,调节离网大小或关闭。

(4)刮印刀装置及调整(图6.38)。

①刮刀的安装:开启台板开关,使印刷机头升起,把刮刀和回墨刀安装在刮刀和回墨刀吊架上,然后用印刷刀锁紧夹子。

②印刷压力的调节:可调节刮刀压力调节旋钮,增加或减小压力。

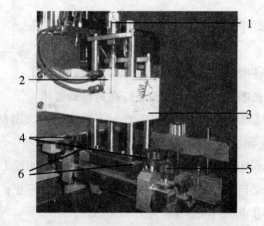

图 6.38　刀具调整

1—刀压力调节旋钮;2—刷切换汽缸;3—刷机头;4—刷刀
锁紧夹子;5—刷刀平行调节手柄;6—刷刀角度调节螺丝

③刮刀平衡调节:可调节印刷刀平行调节旋钮使刮刀与台板平行。

④刮刀角度调节:可松开刮刀角度调节螺丝,然后转动刮刀和回墨刀达到所要求的印刷角度,然后锁紧。

⑤印刷汽缸切换速度调节:调节汽缸速度节流阀,使切换速度加快或减慢。

4. 印刷行程的调整

(1)印刷行程根据印刷的图案大小来定。

(2)印刷导轨上有两个接近开关,左边的限定左行终端位置,右边的限定右行终端位置。

(3)在调节行程时注意不要让印刷头撞击到左、右网夹或网框。

5. 承印物的定位方法及工作台面的准备事项

(1)印刷的定位方法一般有孔定位和边定位两种。除高精度印刷品及特殊印刷外,一般都采用三点定位方法。

(2)用与承印物厚度相同的硬纸片或塑料片等较硬的片状材料,剪成小方块。定位片的一面贴上双面胶,将承印物大致对准网版图案后把定位片分别对准承印物前面边缘各 1/4 的位置和右边缘 1/3 多一点,1/2 不到的地方贴住。

注意:定位片平行靠住承印物。

(3)为了充分利用真空吸气,将承印物以外的工作台面吸气孔用一般胶带遮盖。

6. 网版晒制图案尺寸及承印物与网版图案的校对

(1)网版晒制时的尺寸:在正常印刷时,图案到网版内边缘,左边为 12 cm,右边为 8 cm,前后为 5 cm。

(2)将承印物放在工作台上,并定位在工作台面的定位片上。

(3)将上好网版的机头置于下降位置,并调节工作台面微调旋钮至与承印物图案相重合。

图 6.39 感光油墨丝印效果图

7. 油墨烘干

油墨烘干,通过烘干机的循环恒温热风对印有感光油墨的板件进行烘干,使油墨固化并均匀附着于基板铜面上,方便后续曝光操作。

以 Create - PSB3300 烘干机为例介绍烘干工艺操作。其采用智能型温度控制系统,具有定时功能和控温准确、精度高等特点;机箱采用优质冷轧钢板制造,表面喷塑,箱体采用优质镜面不锈钢材料制成,隔热层采用超细玻璃纤维,并设有双层钢化玻璃门观察窗。箱体与外门之间装有耐热硅橡胶密封圈,有效提高箱体内的保温性,适用于小型工业制板环节中的烘干电路板。

(1)设备结构(图 6.40,图 6.41)。

(2)面板按键说明及使用方法。

①设定键(SET):在温度的界面下用于温度的设定,在时间的界面下用于时间的设定。

②减数键(▽):在设定状态下用于减数,在非设定状态下用于时间界面与温度界面的

切换。

图 6.40　Create – PSB3300 烘干机

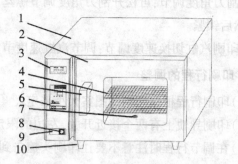

图 6.41　Create – PSB3000 烘干机结构图

1—箱体;2—箱门;3—铭牌;4—隔板;5—手柄;6—温度控制仪;
7—风机;8—电源开关;9—电源指示灯;10—箱脚

③加数键(△):在设定状态下用于加数,在非设定状态下用于默认为出厂参数。

④PV:采样值显示窗。

⑤SV:设定值显示窗。

⑥HEAT:加热指示灯。

⑦ALARM:报警指示灯。

⑧TIME:时间指示灯。

⑨AT:自整定指示灯。

(3)使用方法。

①放置电路板:需要烘干的电路板放置于隔板上,关上箱门。

注意:电路板间相互要留出空间便于空气对流循环。

②接通电源:请您确认设备的电源已接至 220 V 的供电插座上,面板上的电源指示灯亮起;将左侧电源开关键"O/I"按至"I"处,此时电源开关指示灯亮起,表明已有电源送至设备。

③设定温度时间:此时两个上下显示窗依次显示"输入类型编码""温度范围编码",最后 PV 显示窗显示的是当前箱内的实际温度,SV 显示窗显示默认设定温度,此时设备按默认设定参数进行工作;通过设定"SET"键,"△"键,"▽"键来设定所需的温度和定时时间等功能,具体操作如下:

a. 温度的设定:在默认状态下,按"SET"键进入主控设定状态,PV 显示窗出现 SV 字样,按"△"或"▽"键,将 SV 显示窗的显示值调整到需要设定的温度值,再按"SET"键使设备进入正常工作状态。

b. 定时时间的设定:在默认状态下或设定好温度的状态下,按"▽"键,上下显示窗出现时间界面,"TIME"时间指示灯亮,再按一下"SET"键,SV 显示窗的显示值在闪烁,再按"△"或"▽"键设定好定时时间,再按一下"SET"键即可。

烘干机工作时,定时功能开始启动。定时结束后,加热输出关闭,温度开始恢复到室温状态。当首次开机或者在外界环境温度变化较大(大于 20 ℃)时,为达到最大的控温精度,需要启动烘干机的自整定功能,使设备在环境温度下,控制器内的技术参数与升温曲线调整到最佳状态;其操作是:将温度设定为所需温度后,按"▽"键 5 s(其间会进入时间状态),出现设定值闪动工作状态,此时自整定指示灯亮,自整定状态开始。当设定值停止闪烁后,表示自整定结束,进入正常工作状态。过程中切勿切断电源和开启箱门。如自整定非正常中断,自整定过程无效,不会改变原有参数。

④烘干完成:请关闭电源开关,等电路板冷却到一定温度后(最好等降到室温后),再打开箱门,请小心拿取电路板温度,以免烫伤。

8. 湿膜曝光

湿膜曝光,用 UV 光照射,以黑色不透光底片当遮掩介质,而无遮掩部分湿膜发生聚合反应,进行影像转移把底片上的线路转移到压好干膜的板子上。

湿膜曝光工艺制程同干膜曝光工艺制程,参数设定应参照油墨特性选择。

9. 湿膜显影

将感光油墨中未曝光部分的活性基团与稀碱溶液反应,生成亲水性基团(可溶性物质)而溶解下来露出铜面,而曝光部分经由光聚合反应不被溶胀,成为抗电镀层保护线路。

湿膜显影工艺制程同干膜显影工艺制程,参数设定应参照油墨特性选择。

10. 线路镀锡保护

利用电镀时建立的电场,在电位差的作用下将镀液中的锡离子移动到阴极上(经显影而露出的线路与过孔铜)沉积形成镀层,从而作为后续蚀刻工艺的线路与过孔保护层。

(1)镀锡工艺操作介绍。

下面以 Create – CPC4600 智能镀铜机为例介绍镀铜工艺操作。

①设备结构(图 6.42)。

②功能说明:

a. 控制面板:采用彩色触摸液晶屏作为人机界面,外形美观大方,操作简单便捷。主要用于设备工艺流程控制、工艺参数设置及设备状态显示。

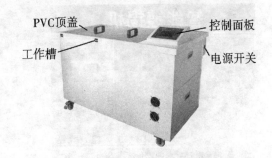

b. 电源开关:用于控制整机的电源。

c. PVC 顶盖:主要用于整机的液体保护。

图 6.42　Create – CPT4600 智能镀锡机

d. 工作槽:"加速""镀锡"为设备主要工作槽,用于完成相应工艺流程。

开机:接好电源并开启电源开关,系统进入自检程序,自检完毕进入待机界面,如图 6.43 所示。

③参数设置:

a. 在待机界面,点击"设置"按钮,进入参数设置界面,如图 6.44 所示。

图 6.43　待机界面　　　　　　　　　图 6.44　参数设置界面

b. 参数设置方法：直接点击选中需设置的参数项，通过 ▢ 或 ▢ 按钮调整参数值。同样操作，依次完成所有参数设置后，点击"退出"按钮可保存本次设定的参数，并退出设置状态，返回到待机界面。

工艺参考参数：加速室温浸泡 30 s。镀锡：根据覆铜板的露铜表面积，按照 1 A/dm^2 确定电镀电流的大小，电镀时间为 20 min。

镀锡作业：将加速后的覆铜板用电镀夹具夹好。紧挂在阴极（中间架）上，设置好电流大小和时间。按下"运行"按钮开始电镀（图6.45）。

电镀完成后蜂鸣器报警提示，点击"停止"按钮可解除报警，然后取出板件，所有孔壁均可看见一层具有光亮锡颜色的镀层。

镀锡完成后，取出板件，水洗，即可进入下一工序。

④查看帮助。初次使用设备或者出现异常情况时，请查看设备的帮助功能。在待机界面点击 ▢ 按钮，即可进入帮助界面，如图 6.46 所示。

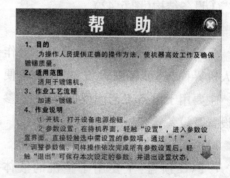

图 6.45　运行界面　　　　　　　　　图 6.46　帮助界面

在帮助界面，按 ▢ 或 ▢ 按钮可以上下翻页，按 ▢ 按钮可退出帮助界面。

（2）异常处理：镀锡时，锡层质量差，镀层不亮或者结合力不好。

①操作失误，用手直接接触了显影后的铜面，请改善操作方式，严禁污染显影后的铜面。

②电镀时，挂在阴极上的电镀夹具未拧紧，或者覆铜板与电镀夹具接触不良，影响电镀效果，请在电镀前确保各个部分导通、接触良好。

③镀锡液长久放置，二价亚锡离子水解，导致镀液质量变差，请注意液体的日常维护，对已严重水解的镀液，请进行沉降处理。图 6.47 为镀锡后的效果图。

11. 湿膜脱膜

（1）将已完成线路镀锡后的线路抗电镀层（即经曝光而固化的湿膜）去除，露出线路，从而利于后续的蚀刻制作。

（2）湿膜脱膜工艺过程同干膜脱膜，参数设定应参照油墨特性选择。

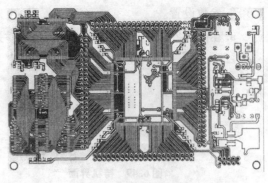

图 6.47　镀锡效果图

6.4　蚀　刻

1. 酸性蚀刻

酸性蚀刻是用酸性蚀刻液以加温及喷压方式对裸露的铜面进行蚀刻，酸性蚀刻液所含氯化铜中的 Cu^{2+} 既是氧化剂又是催化剂，能将板面上的铜氧化成一价 Cu，形成的氯化亚铜是不易溶于水的，在有过量的 Cl^- 存在下，形成可溶性的络离子 $(CuCl_3)^{2-}$；它适合于生产多层板的内层和塞孔与湿膜正片流程的印制蚀刻板，所采用的抗蚀剂是网印抗蚀油墨或干膜抗蚀剂及液态光致抗蚀油墨、金等，不适合于锡铅合金及纯锡抗蚀剂。蚀铜液在稳定状态（包括工艺参数设定、操作条件控制、设备配合）下能达到高质量蚀刻，适合小于 0.10 mm 的精细线路制作。

酸性蚀刻工艺制程按照蚀刻工艺设备的工作方式可分为垂直喷淋蚀刻和水平喷淋蚀刻。下面将以 Create – AEM4200 自动喷淋蚀刻机和 Create – AEM6200 全自动喷淋蚀刻机为例介绍垂直喷淋蚀刻和水平喷淋蚀刻。

（1）垂直喷淋蚀刻。

①设备结构。

②功能说明（图 6.48）。

a. 电源开关：主要用于控制整机的电源。

b. 控制面板：采用彩色触摸液晶屏作为人机界面，外形美观大方，操作简单便捷。主要用于设备工艺流程控制、工艺参数设置及设备状态显示。

c. 工作槽："蚀刻"为设备主要工作槽，用于完成蚀刻工艺。

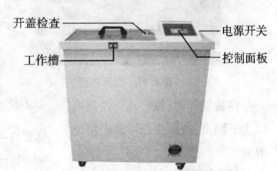

图 6.48　Create – AEM4200 自动喷淋蚀刻机

d. 开盖检查：当处于开盖时，设备自动禁止加热和喷淋运行，以保护操作者安全。

③蚀刻液配置。首次使用设备时，需先进行蚀刻液配制。

打开玻璃盖及内盖，站在上风位，加入标准配置的蚀刻液 40 L，盖好内盖及玻璃盖。

④开机。接好电源线，开启电源开关，液晶显示开机界面，接着运行自检程序，自检完毕进入待机界面，如图 6.49 所示。

⑤参数设置。

a. 在待机界面,点击"设置"按钮,进入参数设置界面,如图 6.50 所示。

图 6.49 待机界面

图 6.50 参数设置界面

b. 参数设置方法:直接点击选中需设置的参数项,通过 ⬆ 或 ⬇ 按钮调整参数值。同样操作,依次完成所有参数设置后,点击"退出"按钮可保存本次设定的参数,并退出设置状态,返回到待机界面。

蚀刻参考参数:温度为 55 ℃,蚀刻为 40 s。

⑥设备运行。待机界面下,当槽内温度达到设定温度后,戴好防护手套,用内盖自带的夹具夹好板件,盖好内盖及玻璃顶盖,点击"运行"按钮即可,如图 6.51 所示。

运行完毕,待沥水完毕,蜂鸣器报警提示,点击"停止"按钮可解除报警,然后取出板件,水洗,即完成蚀刻工艺。

注意:设备运行中,如打开玻璃顶盖,设备将停止工作。

⑦查看帮助。初次使用设备或者出现异常情况时,请查看设备的帮助功能。在待机界面点击 🔘 按钮,即可进入帮助界面,如图 6.52 所示。

图 6.51 运行界面

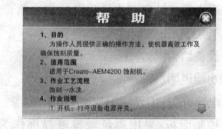

图 6.52 帮助界面

在帮助界面,按 ⬆ 或 ⬇ 按钮可以上下翻页,按 🔘 按钮可退出帮助界面。

(2)水平喷淋蚀刻。

①设备结构。

②功能说明(图 6.53)。

a. 电源开关:主要用于控制整机的电源。

图 6.53 Create – AEM6200 全自动喷淋蚀刻机

b. 控制面板:采用彩色触摸液晶屏作为人机界面,外形美观大方,操作简单便捷。主要用于设备工艺流程控制、工艺参数设置及设备状态显示。

c. 急停按钮:主要用于一些突发事件,紧急停止设备运行。

d.压力表:当蚀刻槽喷淋时,两表分别用于指示上下喷淋的压力,通过调节阀门,可以使上下喷淋压力平衡,确保上下蚀刻效果。

e.观察窗:便于实时观察设备工作情况,密封性好,拆卸方便,便于设备的监测和维护。"蚀刻槽"为设备主要工作槽,用于完成蚀刻工艺。

f.入板口:用于待蚀刻板件进料,蚀刻时只要将板材平放于此,启动设备,机器将自动带人。

g.出板口:用于工艺完成后板件的出料。

③开机:接好电源并开启电源开关,系统进入自检程序,自检完毕进入待机界面,如图6.54所示。

④参数设置。

a.在待机界面,点击"设置"按钮,进入参数设置界面,如图6.55所示。

图6.54 待机界面

图6.55 参数设置界面

b.参数设置方法:

点击选中需设置的参数项,通过 或 按钮调整参数值。同样操作,依次完成所有参数设置后,点击"退出"按钮可保存本次设定的参数,并退出设置状态,返回到待机界面。

蚀刻参考参数:温度为55 ℃,时间为55 s。

⑤蚀刻作业。

a.待机界面下,确认槽内温度是否达到设定温度并显示恒温。

图6.56 运行界面

b.在设备进料口侧将待蚀刻板件放于进料检测传感器下方即可自动进行蚀刻作业。

c.出料后请及时取回并检查工件。

注意:多个工件加工时,相互之间保留一定的间隙。

⑥查看帮助。初次使用设备或者出现异常情况时,请查看设备的帮助功能。在待机界面点击 按钮,即可进入帮助界面,如图6.57所示。

在帮助界面,按 或 按钮可以上下翻页,按 按钮可退出帮助界面。

图 6.57　帮助界面

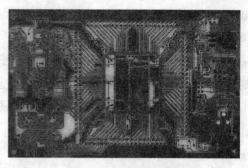

图 6.58　蚀刻效果图

⑦异常处理见表 6.4。

表 6.4　异常处理表

常见问题	原因	解决办法
蚀铜未净	1. 蚀刻时间太短 2. 铜面有污渍 3. 喷嘴堵塞 4. 药液成分不当 5. 温度偏低	1. 适当延长时间 2. 改善前述操作 3. 更换或清洗喷嘴 4. 调整药液成分 5. 调整温度
蚀铜过度	1. 蚀刻时间过长 2. 温度偏高	1. 调整蚀刻时间 2. 调整温度
金属过孔孔壁空洞	1. 喷淋压力过大 2. 干膜或油墨失效 3. 底片对位偏差	1. 调整喷淋压力 2. 检查前述工艺 3. 改善底片对位

2. 碱性蚀刻

碱性蚀刻是用碱性蚀刻液以加温及喷压方式对裸露的铜面进行蚀刻,在氯化铜溶液中加入氨水,发生络合反应生成 $Cu(NH_3)_4Cl_2$,在蚀刻过程中,基板上面的铜被 $[Cu(NH_3)_4]^{2+}$ 络离子氧化,其蚀刻反应所生成的 $[Cu(NH_3)_2]^+$ 不具有蚀刻能力,在过量的氨水和氯离子存在的情况下,能很快地被空气中的氧所氧化,生成具有蚀刻能力的 $[Cu(NH_3)_4]^{2+}$ 络离子;它适用于高精密内层板和外层板蚀刻,具有优异的稳定性及适合于干膜和其他(如锡、锡铅、镍、金等)抗蚀刻阻层。

碱性蚀刻工艺过程同酸性蚀刻工艺过程,参数设定应参照药水特性选择。

3. 其他蚀刻工艺

(1)三氯化铁蚀刻液,是使用非常广泛的蚀刻液类型,其蚀刻的原理是利用三价铁离子的氧化性在酸性的溶液里与被蚀刻的金属发生氧化还原反应,从而使金属离子脱离工件进入溶液完成蚀刻过程。与其他蚀刻液相比,具有成本较低,容易控制,气味相对较小,废液可以再生等特点。当然,三氯化铁蚀刻液并非万能,有些金属或者合金要通过其他类型的蚀刻液来完成,对于一些特殊的蚀刻要求,三氯化铁也不能完全满足需要,我们要根据不同的蚀刻对象、蚀刻要求来选择合适类型的蚀刻液。

（2）操作说明：

①将自来水加入 Create－AEM1000 自动蚀刻机，直至将玻璃加热管全部潜入水里并超过加热管最高部分 2 cm；

②将蚀刻机电源插头接入 220 V 交流电对蚀刻机内的水加热，水加热至 40～50 ℃；

③把 $FeCl_3$ 放入热水中，让 $FeCl_3$ 尽快溶解在热水中；一般情况，一瓶 $FeCl_3$ 配 2 L 水。

④然后将待蚀覆铜板放进 $FeCl_3$ 溶液里。

⑤将微型气泵的电源接入 220 V 交流电，气泵产生的气体使 $FeCl_3$ 溶液流动，以加快蚀刻速度，当电路板非线路部分铜箔被蚀刻掉后将其拿出来，整个蚀刻过程全部完成大约需要 10 min。

⑥最后将电路板放进清水里，待清洗干净后拿出并用纸巾将附水吸干。

6.5　干膜脱膜与湿膜褪锡

1. 干膜脱膜

干膜脱膜是将已完成线路蚀刻后的线路抗蚀层（即经曝光而固化的掩孔干膜）去除，露出线路，从而利于后续的阻焊制作。

干膜脱膜工艺过程：按照脱膜工艺设备的工作方式可分为垂直喷淋脱膜和水平喷淋脱膜。下面将以 Create－ARF4200 自动喷淋脱膜机和 Create－ARF6200 全自动喷淋脱膜机为例介绍垂直喷淋脱膜和水平喷淋脱膜。

（1）垂直喷淋脱膜。

①设备结构。

②功能说明（图 6.59）。

a. 电源开关：主要用于控制整机的电源。

b. 控制面板：采用彩色触摸液晶屏作为人机界面，外形美观大方，操作简单便捷。主要用于设备工艺流程控制、工艺参数设置及设备状态显示。

图 6.59　Create－ARF4200 自动喷淋脱膜机

c. 工作槽："脱膜"为设备主要工作槽，用于完成显影工艺。

d. 开盖检查：当处于开盖时，设备自动禁止加热和喷淋运行，以保护操作者安全。

③脱膜液配置。首次使用设备时，需先进行脱膜液配制。

打开玻璃盖及内盖，加入 40 L 水，然后倒入 2 000 g 脱膜粉，并盖好玻璃盖及内盖。（溶液浓度控制在 3%～5%）

④开机。接好电源线，开启电源开关，液晶显示开机界面，接着运行自检程序，自检完毕进入待机界面，如图 6.60 所示。

⑤参数设置。

a. 在待机界面,点击"设置"按钮,进入参数设置界面,如图 6.61 所示。

图 6.60　待机界面

图 6.61　参数设置界面

b. 参数设置方法:直接点击选中需设置的参数项,通过 或 按钮调整参数值。同样操作,依次完成所有参数设置后,点击"退出"按钮可保存本次设定的参数,并退出设置状态,返回到待机界面。

脱膜参考参数:50 ℃,脱膜 2 min。

⑥设备运行。待机界面下,当槽内温度达到设定温度后,戴好防护手套,用内盖自带的夹具夹好板件,盖好内盖及玻璃顶盖,点击"运行"按钮即可,如图 6.62 所示。

运行完毕,待沥水完毕,蜂鸣器报警提示,点击"停止"按钮可解除报警,然后取出板件,水洗,即完成脱膜工艺。

注意:设备运行中,如打开玻璃顶盖,设备将停止工作。

⑦查看帮助。初次使用设备或者出现异常情况时,请查看设备的帮助功能。在待机界面点击 按钮,即可进入帮助界面,如图 6.63 所示。

图 6.62　运行界面

图 6.63　帮助界面

在帮助界面,按 或 按钮可以上下翻页,按 按钮可退出帮助界面。

(2)水平喷淋脱膜。

①设备结构。

②功能说明(图 6.64)。

a. 观察窗:便于实时观察设备工作情况,密封性好,拆卸方便,便于设备的监测和维护。

b. 入板口:用于待脱膜板件进料,脱膜时只要将板材平放于此,启动设备,机器将自动带入。

c. 压力表:当脱膜槽喷淋时,两表分别用

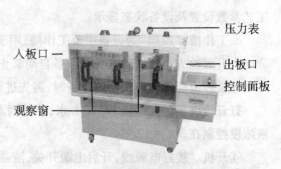

图 6.64　Create – ARF6200 全自动喷淋脱膜机

于指示上下喷淋的压力,通过调节阀门,可以使上下喷淋压力平衡,确保上下脱膜效果。

d. 出板口:用于工艺完成后板件的出料。

e. 控制面板:采用界面美观、操作便捷的彩色触摸液晶屏作为人机界面,用于设备工艺流程控制、工艺参数设置及设备状态显示。

③开机:接好电源并开启电源开关,系统进入自检程序,自检完毕进入待机界面,如图 6.65 所示。

④参数设置。

a. 在待机界面,点击"设置"按钮,进入参数设置界面,如图 6.66 所示。

图 6.65　待机界面

图 6.66　参数设置界面

b. 参数设置方法:直接点击选中需设置的参数项,通过  或 按钮调整参数值。同样操作,依次完成所有参数设置后,点击"退出"按钮可保存本次设定的参数,并退出设置状态,返回到待机界面。

脱膜参考参数:温度为 50 ℃,时间为 2 min。

⑤脱膜作业。

a. 待机界面下,确认槽内温度是否达到设定温度并显示恒温。

b. 在设备进料口侧将待脱膜板件放置于进料检测传感器下方即可自动进行脱膜作业,如图 6.67 所示。

c. 出料后请及时取回并检查工件。

注意:多个工件加工时,相互之间保留一定的间隙。

⑥排液操作。设备长时间闲置时(如学校暑假),可通过设备的排液装置,将液体排至专用桶,密封保存,以延长药液有效使用寿命,如图 6.68 所示。

图 6.67　运行界面

图 6.68　排液界面

液体排放操作:

a. 准备好脱膜液专用储存容器,将排液管置于储存容器中;

b. 点击"排液"按钮,排液泵启动;

c. 先关闭脱膜槽循环阀,再开启脱膜槽排液阀进行排液;

d. 更换容器或排液完成都必须先关闭脱膜槽排液阀。

特别注意:

排液前,必须确认排液阀是否处于关闭状态,接好排液管及专用桶;排液后,必须确认排液阀是否处于关闭状态。

⑦查看帮助。初次使用设备或者出现异常情况时,请查看设备的帮助功能。在待机界面点击◎按钮,即可进入帮助界面,如图 6.69 所示。

在帮助界面,按 或 按钮可以上下翻页,按◎按钮可退出帮助界面。

脱膜效果如图 6.70 所示。

图 6.69　帮助界面

图 6.70　脱膜效果图

⑧异常处理见表 6.5。

表 6.5　异常处理表

常见问题	原因	解决办法
脱膜未净	1. 脱膜时间太短 2. 脱膜温度太低 3. 喷嘴堵塞 4. 药液长久放置失效	1. 适当延长时间 2. 调整脱膜温度 3. 更换或清洗喷嘴 4. 重新配制脱膜液

2. 湿膜褪锡

湿膜褪锡即用蚀刻阻剂以化学方式将锡去除,以露出所需图像铜面。

湿膜褪锡工艺过程:按照褪锡工艺设备的工作方式可分为垂直喷淋褪锡和水平喷淋褪锡。下面将以 Create – AES4200 自动喷淋褪锡机和 Create – AES6200 全自动喷淋褪锡机为例介绍垂直喷淋褪锡和水平喷淋褪锡。

(1)垂直喷淋褪锡。

①设备结构。

②功能说明(图 6.71)。

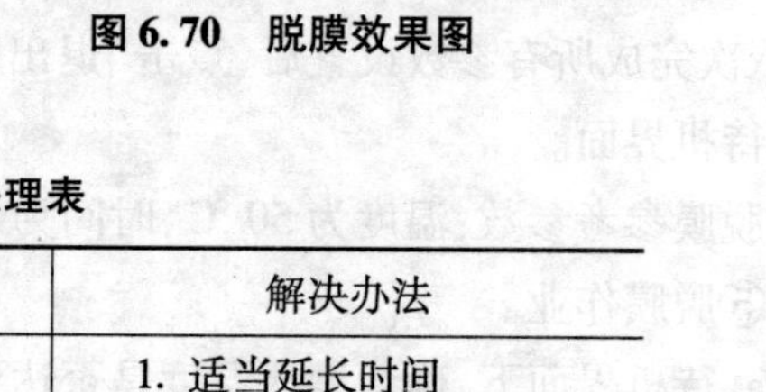

a. 电源开关:主要用于控制整机的电源。

b. 控制面板:采用彩色触摸液晶屏作为人机界面,外形美观大方,操作简单便捷。主要用于设备工艺流程控制、工艺参数设置及设备状态显示。

图 6.71　Create – AES4200 自动喷淋褪锡机

c. 工作槽："褪锡"为设备主要工作槽,用于完成显影工艺。

d. 开盖检查:当处于开盖时,设备自动禁止加热和喷淋运行,以保护操作者安全。

③褪锡液配置。首次使用设备时,需先进行褪锡液配制。

打开玻璃盖及内盖,站在上风位,加入标准配置的褪锡液 40 L,盖好内盖及玻璃盖。

④开机。接好电源线,开启电源开关,液晶显示开机界面,接着运行自检程序,自检完毕进入待机界面,如图 6.72 所示。

⑤参数设置。

a. 在待机界面,点击"设置"按钮,进入参数设置界面,如图 6.73 所示。

图 6.72　待机界面

图 6.73　参数设置界面

b. 参数设置方法:直接点击选中需设置的参数项,通过 ⬆ 或 ⬇ 按钮调整参数值。同样操作,依次完成所有参数设置后,点击"退出"按钮可保存本次设定的参数,并退出设置状态,返回到待机界面。

褪锡参考参数:30 ℃时,褪锡 15 s,可根据实际环境温度和药液新旧酌情调整褪锡时间。

⑥设备运行。待机界面下,当槽内温度达到设定温度后,戴好防护手套,用内盖自带的夹具夹好板件,盖好内盖及玻璃顶盖,点击"运行"按钮即可,如图 6.74 所示。

运行完毕,待沥水完毕,蜂鸣器报警提示,点击"停止"可解除报警,然后取出板件,水洗,即完成褪锡工艺。

注意:设备运行中,如打开玻璃顶盖,设备将停止工作。

⑦查看帮助。初次使用设备或者出现异常情况时,请查看设备的帮助功能。在待机界面点击 按钮,即可进入帮助界面,如图 6.75 所示。

在帮助界面,按 ⬆ 或 ⬇ 按钮可以上下翻页,按 ⊗ 按钮可退出帮助界面。

图 6.74　运行界面

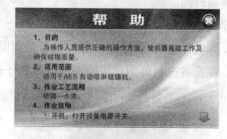

图 6.75　帮助界面

(2)水平喷淋褪锡。

①设备结构。

②功能说明(图 6.76)。

a. 电源开关：主要用于控制整机的电源。

b. 控制面板：采用彩色触摸液晶屏作为人机界面，外形美观大方，操作简单便捷。主要用于设备工艺流程控制、工艺参数设置及设备状态显示。

c. 急停按钮：主要用于一些突发事件，紧急停止设备运行。

d. 压力表：当褪锡槽喷淋时，两表分别用于指示上下喷淋的压力，通过调节阀门，可以使上下喷淋压力平衡，确保上下褪锡效果。

e. 观察窗：便于实时观察设备工作情况，密封性好，拆卸方便，便于设备的监测和维护。

f. 入板口：用于待脱膜板件进料，脱膜时只要将板材平放于此，启动设备，机器将自动带入。

g. 出板口：用于工艺完成后板件的出料。

③开机：接好电源并开启电源开关，系统进入自检程序，自检完毕进入待机界面，如图 6.77 所示。

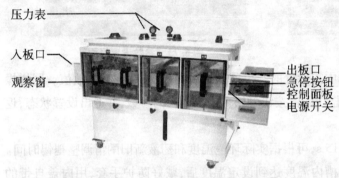

图 6.76　Create – AES6200 全自动喷淋褪锡机　　　　图 6.77　待机界面

④参数设置。

a. 在待机界面，点击"设置"按钮，进入参数设置界面，如图 6.78 所示。

b. 参数设置方法：直接点击选中需设置的参数项，通过 加 或 减 按钮调整参数值。同样操作，依次完成所有参数设置后，点击"退出"按钮可保存本次设定的参数，并退出设置状态，返回到待机界面。

褪锡参考参数：温度为 30 ℃（室温），时间为 15 s，可根据实际环境温度和药液新旧酌情调整褪锡时间。

⑤褪锡作业：

a. 待机界面下，确认设备参数是否达到设定值。

b. 在设备进料口侧将待褪锡板件放置于进料检测传感器下方即可自动进行褪锡作业。

图 6.78　参数设置界面　　　　　　　图 6.79　运行界面

c. 出料后请及时取回并检查工件。

注意：多个工件加工时，相互之间保留一定的间隙。

⑥查看帮助。初次使用设备或者出现异常情况时，请查看设备的帮助功能。在待机界面点击 按钮，即可进入帮助界面，如图 6.80 所示。

在帮助界面，按 或 按钮可以上下翻页，按 按钮可退出帮助界面。

褪锡效果如图 6.81 所示。

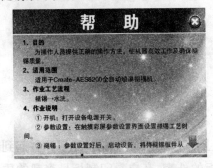

图 6.80　帮助界面

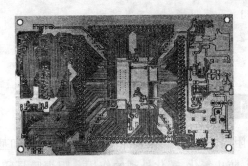

图 6.81　褪锡效果图

⑦异常处理见表 6.6。

表 6.6　处理情况表

常见问题	原因	解决办法
褪锡未净	1. 褪锡时间太短 2. 锡面有污渍 3. 喷嘴堵塞 4. 药液成分不当 5. 温度偏低	1. 适当延长时间 2. 改善前述操作 3. 更换或清洗喷嘴 4. 调整药液成分 5. 调整温度
线路断线	褪锡时间过长	调整褪锡时间

 考核评价 **与** 技能训练

1. 简述干膜覆膜和湿膜制作工艺流程。

2. 简述 PCB 曝光的基本原理。

3. PCB 油墨有哪几种？油墨印刷过程需要注意哪些事项？

4. 线路油墨、干膜曝光时间分别是多少？

5. 简述 PCB 显影的原理。

6. 简述干膜、湿膜腐蚀的原理，两种工艺的腐蚀液及化学反应有什么不同？

7. 简述镀锡与褪锡的原理。

8. 使用覆膜机、曝光机、显影机、腐蚀机、脱膜机完成一块 PCB 的干膜工艺线路制作。

9. 使用丝印机、曝光机、显影机、镀锡机、腐蚀机、褪锡机、脱膜机完成一块 PCB 的湿膜工艺线路制作。

第7章 阻焊制作

1. 了解阻焊制作工艺流程。
2. 掌握阻焊操作工艺技能。

7.1 概 述

阻焊，即在印制板表面不需焊接的线路和基材上涂上一层防焊阻剂(油墨)，并起到阻焊绝缘、防止氧化、美化外观的作用。阻焊膜是印制板的外表，客户看印制板最直观的质量就是阻焊外观，因而对阻焊向来是挑剔的。阻焊的颜色有:红、黄、绿、蓝、紫、黑，最常用的是绿色。

下面列举阻焊常见的缺陷、产生原因及接收标准。

1. 阻焊不均

原因:(1)印板后插架时板面碰到了插架板，或其他物体碰到了板面。

(2)刮刀不良导致印刷不均。

标准:阻焊必须覆盖完全，阻焊厚度大于 10 μm。

2. 假性露铜

原因:(1)铜厚≥2 OZ。

(2)油墨开油过稀。

标准:阻焊必须覆盖完全，阻焊厚度大于 10 μm。

3. 撞断线

原因:磨板和印刷阻焊过程中撞断线。

4. 基材撞伤

原因:磨板和印刷阻焊操作过程中撞伤了基材。

标准:没有造成导体桥接和玻织布断裂。

5. 阻焊杂物

原因:(1)网版未清理干净。

(2)印刷台面未清理干净。

(3)前处理不良。

(4)油墨中混有杂物。

标准:(1)距最近导体在 0.1 mm 以外。

(2)最大尺寸≤0.8 mm。

(3)每面不超过 3 处。

6. 阻焊色差

原因:(1)固化(烘烤)时间过度。

(2)固化烘箱温度不均。

标准:(1)同一批板,同一块板颜色一致。

(2)用 3M 胶带拉力测试不掉阻焊。

(3)可焊性、热应力试验后不掉阻焊。

7. 阻焊余胶

原因:(1)预烘时间过长。

(2)曝光尺能量过高。

(3)预烘或曝光后停留时间过长。

(4)如是点状物即为传送滚轮老化或粘有油墨所致。

7.2　阻焊制作工艺流程

1. 油墨印刷前处理

同覆膜前处理工艺。

2. 丝网印刷

如选用科瑞特油性感光胶作为感光材料,可将感光胶倒在刮胶器上,并均匀分布在刮胶器的刮刀口,将丝网框与地面成 60°角,刮胶器与丝网成 45°角,从下往上单向用力均匀地在丝网上刮上一层感光胶,切忌来回刮胶、用力过猛或用力过轻,也不要在单面刮胶的时间过长,丝网布的两面都要刮上感光胶。待两面都刮好感光胶并基本晾干后,需在第一次刮的一面补刮一次,以确保感光胶层均匀,并具有一定的厚度。丝网感光胶印刷的操作必须在暗室里进行。

阻焊油墨印刷工艺操作同第 6 章湿膜印刷,参数设置根据油墨特性设定,效果如图 7.1 所示。

3. 油墨烘干

将刷有阻焊油墨的基板放在烘干箱内烘干,烘干工艺操作同第 6 章湿膜烘干,烘干箱温度设为 75 ℃,时间为 20 min。

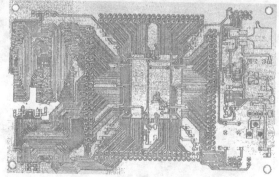

图 7.1　阻焊油墨印刷效果图

4. 曝光

在曝光前需先将底片贴在电路板上,底片的放置按照有图形面朝下、背图形面朝上的方法放置,然后,盖上曝光机盖并扣紧,同时要关上进气阀,设置曝光机的真空时间在 15 s 左右,曝光时间在 80~120 s 即可。开启电源并启动真空抽气机曝光开始,待曝光灯熄灭,曝光完成。打开排气阀,松开上盖扣紧锁,取出丝网框即可。

5. 显影

显影是将没有曝光的湿膜部分去除得到所需的字符图形的过程。把显影液倒入机器显影箱中、开启外接自来水,启动设备并设置好显影时间、温度、压力、水洗时间等参数(机器能保存参数),将电路板放入显影机的传送带上,启动"显影"键后机器即可自动完成显影,显影完成后用自来水冲洗即可。过程时间为 5~8 min,图 7.2 为显影完毕后的实物图。水洗:将电路板用清水清洗干净。

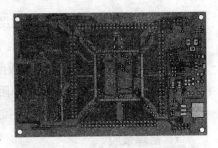

图 7.2　阻焊显影效果图

6. 油墨固化

目的是进一步固化字符油墨,烘干箱温度设为 150 ℃,时间设为 30 min。

考核评价与技能训练

1. 简述 PCB 阻焊制作工艺流程。

2. 阻焊制作过程中,油墨烘干、曝光、显影、固化时间分别是多少? 油墨烘干、显影、固化温度分别是多少?

3. 在完成线路制作工艺的 PCB 板基础上,使用丝印机、曝光机、显影机、烘干机等完成一块 PCB 板阻焊制作。

第8章 字符制作

学习目标

1. 了解字符制作的概念。
2. 了解感光工艺字符制作流程。

8.1 概述

字符制作主要是指在做好的电路板上印上一层与元器件对应的符号,主要作用是标示器件类型、外观、序号、极性和安装方式,接线端子(接口)名称等,同时美化板面,在焊接时方便插贴元器件,也方便了产品的检验与维修。

由于目前工业上还没有字符干膜,所以,电路板字符感光层主要采用湿膜工艺。湿膜工艺使用丝印机完成字符感光线路层制作,丝印机是印刷文字的机器。

文字油墨(丝印油墨)一般采用热固化油墨,故其印刷过程与感光线路油墨、感光阻焊油墨的印刷具有一定的差异性,丝印底片制作过程可参考第7章,具体印刷工艺介绍如下。

8.2 感光工艺字符制作的常见技术问题

一般在制作感光字符的过程中,主要使用感光性树脂材料,感光性树脂版是以合成高分子材料作为成膜剂,不饱和有机化合物作为光交联剂,而制得的具有感光性能的凸版板材。几乎所有的感光性树脂版都是在光(主要是紫外光)的照射下,分子间产生交联反应,从而形成了具有某种不溶性的浮雕型图像。感光性树脂版从制版工艺上可分为固体型和液体型两种。由饱和性感光树脂组合而成的固体型系列预制型板材成本比较高,但是质量比较好,可以制作商品包装、商标版、网线图版;由不饱和聚酯型树脂组成的液体型系列即涂型板材(简单地说就是使用时再配制感光性液体进行底基制作,然后再涂浇上树脂,感光和制作)价格比较低廉,适合于较粗糙的文字线条版。在固体感光树脂版实际操作制版过程中常常会出现以下几个方面的问题,只有综合分析,区别对待,查清问题的根源,才能解决问题。

1. 常见问题

在树脂版制版工作中,常出现细线条弯曲和细小的文字、独立点脱落,树脂版文字、线条、图案过细、过小等问题。

出现上述问题的主要原因有:

①树脂版曝光时间不足;

②底片反差小,有灰雾、不清晰;

③烘烤树脂版以及热固化处理不当;

④刷树脂版时水温低,冲洗时间长,刷毛过硬,刷版过深;

⑤上机印刷时压力过大,调节不妥当。

解决这些问题的方法有:

①在制树脂版时,遇到细小的文字、线条、图案、独立点时,要掌握正确的曝光时间。3 kW 的碘镓灯,曝光时间约为 20 min,一定要比正常的版延长曝光时间,这样,细小的线条、文字、独立点才能站得住、不脱落。由于曝光时间长,制出来的树脂版网纹侧面的坡度较小(70°左右),图文底基牢固。

②烘烤树脂版、干燥及热固化处理时,一般情况下,烘箱温度控制在 60~80 ℃,目的是将版面上的水分蒸发;干燥的温度过高,树脂版则容易起泡。

③要求操作者暗房技术过硬,软片处理的反差要尽量大,无灰雾,文字、线条流畅光洁,不缺笔断画。

④在制固体树脂版时,无论是制版机自动刷版,还是手工毛刷刷版,水温应控制在 50~60 ℃,冲洗直至底基显露为止。刷树脂版要旋转着刷,单在一面刷版,容易将侧面坡度刷大,造成细小线条的弯曲、脱落;刷版时要选择那些毛柔软适宜的刷子,如果刷毛较硬,则会使细小文字刷落破损;刷树脂版要注意掌握版刷深度,刷版不一定非要冲洗见底基,刷版过深容易将版上的文字、线条、图案刷掉,另外,注意刷版冲洗的时间不要过长。

⑤树脂版上机印刷时,要调节好着墨辊与树脂版、树脂版与压印滚筒之间的压力,调节树脂版的印刷压力要比调节铜锌版、铅印活字的压力要小一些。避免因压力过大,着墨辊和压印滚筒把树脂版的细小文字线条给碾压坏了,影响其耐印率。

2. 文字、线条版在制树脂版时模糊不清

出现该问题的主要原因有:

①曝光过量;

②晒时抽真空吸附不实;

③软片反差小,不清晰。

解决该问题的办法有:

①掌握正确的树脂版曝光时间,尤其是空心文字、线条最容易糊版,设计时把图文尽量加粗一点。

②晒版机吸气要结实。如果吸气不实,树脂版与软片之间存在间隙,紫外线就会从四周射入,造成感光糊版。

③在晒版之前要仔细检查底片是否糊版,透光性好、反差大、清晰,才能达到制版质量的需要。

3. 树脂版冲刷不动

出现该问题的主要原因有:

①树脂版的板材已经超过了保质期,或者在生产、储藏、运输的过程中漏光,树脂版感光硬化;

②冲洗刷版时水温过低;

③软片暗房处理不佳,底片蔽光性差,密度小。

8.3 丝网漏印字符制作工艺流程

字符工艺制作方式及步骤与阻焊工艺制作相同。

PCB 板字符感光层效果图如图 8.1 所示。

其维护方法有:

(1)有机玻璃工作台面不能用香蕉水等有机溶剂进行清洁,宜选用酒精清洗。

(2)对于操作过程中意外漏在工作台面的油墨,应及时用毛巾沾加热的洗网液擦拭干净。

图 8.1 感光层效果图

(3)丝印油墨完毕的丝印框需用专门的洗网机及时清洗,不能用香蕉水等有机溶剂进行清洗。

(4)丝网框、刮刀、垫架清洗完毕需及时取出水洗,禁止长时间浸泡在洗网机中。

丝印结束后清洗印刷辅助工具用 Create - ACM 系列喷淋洗网机即可,下面以 Create - ACM4200 自动喷淋洗网机为例介绍其操作流程及方法。

①设备结构。

②功能说明(图 8.2):

a. 电源开关:主要用于控制整机的电源。

b. 控制面板:采用彩色触摸液晶屏作为人机界面,外形美观大方,操作简单便捷。主要用于设备工艺流程控制、工艺参数设置及设备状态显示。

c. 工作槽:"洗网"为设备主要工作槽,用于完成显影工艺。

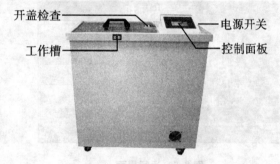

开盖检查　电源开关

工作槽　控制面板

图 8.2 Create - ACM4200 自动喷淋洗网机

d. 开盖检查:当处于开盖时,设备自动禁止加热和喷淋运行,以保护操作者安全。

③洗网液配置。首次使用设备时,需先进行洗网液配制。

打开玻璃盖及内盖,加入 40 L 水,然后倒入 1 000 g 显影粉,并盖好玻璃盖及内盖。(溶液浓度控制在 2% ~ 3%)

④机器上电。接好电源线,开启电源开关,液晶显示开机界面,接着运行自检程序,自检完毕进入待机界面,如图 8.3 所示。

⑤参数设置。

a. 在待机界面,点击"设置"按钮,进入参数设置界面,如图 8.4 所示。

b. 参数设置方法:直接点击选中需设置的参数项,通过▲或▼按钮调整参数值。同样操作,依次完成所有参数设置后,点击"退出"按钮可保存本次设定的参数,并退出设置状态,返回到待机界面。

洗网参考参数:50 ℃,洗网 5 min。

图 8.3　待机界面

图 8.4　参数设置界面

⑥设备运行。待机界面下,当槽内温度达到设定温度后,戴好防护手套,用内盖自带的夹具夹好板件,盖好内盖及玻璃顶盖,点击"运行"按钮即可,如图 8.5 所示。

运行完毕,待沥水完毕,蜂鸣器报警提示,点击"停止"按钮可解除报警,然后取出板件,水洗,即完成洗网。

注意:设备运行中,如打开玻璃顶盖,设备将停止工作。

⑦查看帮助。初次使用设备或者出现异常情况时,请查看设备的帮助功能。在待机界面点击 按钮,即可进入帮助界面,如图 8.6 所示。

图 8.5　运行界面

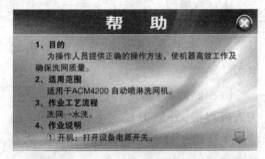

图 8.6　帮助界面

在帮助界面,按 或 按钮可以上下翻页,按 按钮可退出帮助界面。

⑧异常处理见表 8.1。

表 8.1　异常处理表

常见问题	原因	解决办法
洗网不净	1. 洗网前丝网框上油墨过多 2. 丝网印刷油墨后置于空气中时间过长 3. 洗网温度过低 4. 喷嘴堵塞 5. 药液使用时间过长失效	1. 洗网前先用刮刀将丝网框上的大部分油墨刮掉,再置入洗网机 2. 丝印完油墨后及时清洗丝网框 3. 调整洗网温度 4. 更换或清洗喷嘴 5. 调整药液成分或更换新的洗网液
丝网框脱胶	丝网框浸泡于洗网液中时间过长	丝网框清洗完成后及时取出水洗、晾干备用

考核评价 **与** 技能训练

1. 字符制作工艺流程中的常见技术问题有哪些?

2. 字符制作过程中,油墨烘干、曝光、显影、固化时间分别是多少? 油墨烘干、显影、固化温度分别是多少?

3. 简述洗网的基本原理。

4. 在完成阻焊制作工艺的 PCB 板基础上,使用丝印机、曝光机、显影机、烘干机等完成一块 PCB 板字符制作。

5. 使用洗网机完成一个丝网框(已印过油墨)的清洗。

第9章 助焊防氧化

1. 了解三种助焊防氧化工艺。
2. 掌握 OSP 工艺流程。

9.1 概 述

工业上助焊防氧化工艺主要有 OSP 有机保焊膜工艺,喷锡工艺以及沉锡工艺三种。

OSP(Organic Solderability Preservatives,有机保焊膜的简称)工艺,是通过在洁净的铜面上发生化学反应,形成一层均匀、透明的有机保焊膜,该膜具有防氧化,耐热冲击,耐湿性,从而可以保护铜表面不生锈;在焊接高温中,又很容易被助焊剂清除,使得露出的干净铜面可以在极短的时间内与熔融焊锡立即结合成为牢固的焊点;同时,OSP 工艺不含任何有机溶剂或铜络合剂,不分解副产物,不污染电镀金面,是一种环保工艺技术。因此,作为热风整平和其他金属化表面处理的替代工艺,被用于许多表面贴装技术。

喷锡(SMOBCHAL)是作为电路板板面处理的一种最为常见的表面涂敷形式,被广泛地用于线路的生产,喷锡质量的好坏会直接影响到后续客户生产时焊接质量和焊锡性,因此喷锡的质量成为电路板生产厂家质量控制的一个重点。

PCB 沉锡工艺是为有利于 SMT 与芯片封装而特别设计的,在铜面上以化学方式沉积锡金属镀层,是取代 Pb – Sn 合金镀层工艺的一种绿色环保新工艺,已广泛使用于电子产品(如电路板、电子器件)与五金件、装饰品等表面处理。

9.2 OSP 工艺

OSP 工艺能选择性地与铜面产生反应,形成一层均匀、透明的有机膜,该涂覆层具有优良的耐热性,能适用于不同助焊剂和锡膏,在高温条件下,可以耐多次 SMT。因此,它可作为热风整平和其他金属化表面处理的替代工艺,用于许多表面贴装技术。

OSP 工艺具有强抗热处理性能,因此能保护复杂的导通孔电路及 SMD 元件在波峰焊前需经多次回流焊处理的电路。OSP 工艺与多种最常见的波峰焊助焊剂包括无清洁作用的焊剂,它不污染电镀金面,是一种环保工艺。因它不含任何有机溶剂或铜络合剂,十分稳定,不会分解副产物。

按照 OSP 工艺设备的工作方式可分为垂直 OSP 制板和水平 OSP 制板。下面将以 Create – OSP4200 自动 OSP 防氧化机和 Create – OSP6200 全自动 OSP 防氧化机为例介绍垂直喷淋褪锡和水平喷淋褪锡。

1. 垂直 OSP 制板

(1) 设备结构。

(2) 功能说明(图 9.1)。

①电源开关:主要用于控制整机的电源。

②控制面板:采用彩色触摸液晶屏作为人机界面,外形美观大方,操作简单便捷。主要用于设备工艺流程控制、工艺参数设置及设备状态显示。

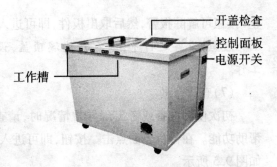

图 9.1　Create－OSP4200 自动 OSP 防氧化机

③开盖检查:当处于开盖时,设备自动禁止加热和喷淋运行,以保护操作者安全。

④工作槽:"除油""微蚀""水洗""纯水洗""成膜"为设备主要工作槽,用于完成相应工艺流程。

(3) 药液配置。

首次使用设备时,需先进行各槽药液配制。

打开玻璃盖及内盖,站在上风位,为各槽加入标准配置的相应药液,盖好内盖及玻璃盖。

(4) 开机。

接好电源线,开启电源开关,液晶显示开机界面,接着运行自检程序,自检完毕进入待机界面,如图 9.2 所示。

(5) 参数设置。

①在待机界面,点击"设置"按钮,进入参数设置界面,如图 9.3 所示。

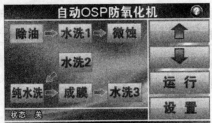

图 9.2　待机界面　　　　　　　　　　图 9.3　参数设置界面

②参数设置方法:直接点击选中需设置的参数项,通过▲或▼按钮调整参数值。同样操作,依次完成所有参数设置后,点击"退出"按钮可保存本次设定的参数,并退出设置状态,返回到待机界面。

各级工艺参考参数如下:除油 45 ℃,3 min;各级市水洗 30 s;微蚀 25 ℃,30 s;纯水洗 30 s;成膜 42 ℃,1 min;干板外置烤箱 75 ℃,3 min。

(6) 设备运行。

待机界面下,当槽内温度达到设定温度后,戴好防护手套,用内盖自带的夹具夹好板件,盖好内盖及玻璃顶盖,点击"运行"按钮即可,如图 9.4 所示。

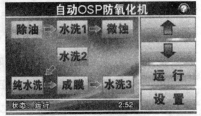

图 9.4　运行界面

运行完毕,待沥水完毕,蜂鸣器报警提示,点击"停止"按钮可解除报警,然后取出板件,即可进入下一工艺。

注意:设备运行中,如打开玻璃顶盖,设备将停止工作。

(7)查看帮助。

初次使用设备或者出现异常情况时,请查看设备的帮助功能。在待机界面点击 按钮,即可进入帮助界面,如图9.5所示。

图9.5　帮助界面

在帮助界面,按 或 按钮可以上下翻页,按 按钮可退出帮助界面。

2. 水平OSP制板

(1)设备结构。

(2)功能说明(图9.6)。

①控制柜:采用彩色触摸液晶屏作为人机界面,外形美观大方,操作简单便捷。主要用于设备工艺流程控制、工艺参数设置及设备状态显示。

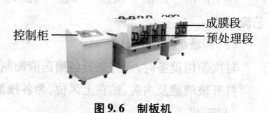

图9.6　制板机

②预处理段:主要用于完成成膜前的铜表面清洁及微蚀刻。

③成膜段:用于完成成膜工艺流程。

(3)OSP工艺流程:除油—水洗1—微蚀—水洗2—纯水洗—成膜—水洗3—烘干。

①除油:采用高压双面喷淋除油,温度可调,可视实际情况设置除油温度(各工艺流程的参数值可参考设置界面的出厂设置值,除油温度参考值:45 ℃)。除油效果直接影响到成膜品质。除油不良,则成膜厚度不均匀。一方面,可以通过分析溶液,将浓度控制在工艺范围内;另一方面,要经常检查除油效果,若除油效果不好,则应及时更换除油液。

②水洗1:采用高压双面喷淋水洗,水洗温度为室温,经水洗工艺可有效防止各个槽内液体交叉污染。

③微蚀:采用高压双面喷淋微蚀,温度可调(微蚀温度参考值:25 ℃),微蚀的目的是形成粗糙的铜面,便于成膜。微蚀的厚度直接影响到成膜速率,因此,要形成稳定的膜厚,保持微蚀厚度的稳定非常重要。

④水洗2:同水洗1,水洗1、2共用同一水箱。

⑤纯水洗:采用高压双面喷淋的工作方式,温度为室温,纯水洗的目的是进一步防止板材上剩余的微蚀液带入成膜槽中污染成膜液。

⑥成膜:采用溢流浸泡的工作方式,温度为20～40 ℃(成膜温度参考值:40 ℃)。成膜是为了在铜表面形成铜防氧化膜。

⑦水洗3:采用市水压力双面喷淋水洗,温度为室温。

⑧烘干:烤干箱烘干,参考时间:85 ℃热风1 min烘干。

注意:在上述参考温度下,新配制的药液,整机水平传动工艺参考值:预处理线为15 min,成膜线为10 min。

（4）操作说明。

①开机：接好电源线，开启电源开关，液晶显示开机界面，接着运行自检程序，自检完毕进入待机界面，如图9.7所示。

②参数设置。

a. 在待机界面，点击"设置"按钮，进入参数设置界面，如图9.8所示。

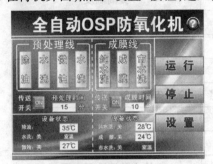

图9.7 待机界面

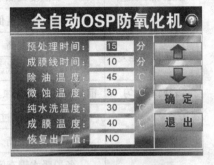

图9.8 参数设置界面

b. 参数设置方法：直接点击选中需设置的参数项，通过 ▲ 或 ▼ 按钮调整参数值。同样操作，依次完成所有参数设置后，点击"退出"按钮可保存本次设定的参数，并退出设置状态，返回到待机界面。

各级工艺参考参数如下：预处理时间为15 min；成膜线为10 min；除油温度为45 ℃，微蚀温度为25 ℃；成膜温度为40 ℃。

（5）设备运行（图9.9）。

①待机界面下，确认各槽内温度是否达到设定温度并显示恒温。

②在设备进料口侧将待蚀刻板件放置于进料检测传感器下方即可自动进行蚀刻作业。

③出料后请及时取回并检查工件。

注意：多个工件加工时，相互之间保留一定的间隙。

（6）查看帮助。

初次使用设备或者出现异常情况时，请查看设备的帮助功能。在待机界面点击 按钮，即可进入帮助界面，如图9.10所示。

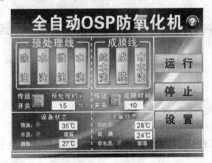

图9.9 运行界面

图9.10 帮助界面

在帮助界面，按 ▲ 或 ▼ 按钮可以上下翻页，按 按钮可退出帮助界面。

（7）异常处理见表9.1。

表9.1　异常处理表

问题	原因	解决办法
涂层疏水性差	微蚀不够	加强微蚀
	温度太低	提高温度
	活性物浓度低	补加成膜液浓缩液
防氧化性能差	酸度太高	用氨水降低酸度
	温度太低	提高温度
表面不均匀	前处理（除油、微蚀）不理想	检查药水性能及各喷淋泵的压力
水斑	温度过高或过低	控制工作温度
	酸度太高	调整酸度
	各段吸水辊有问题	检查并清洗吸水辊
孔口发白	前处理不够	加强前处理
	活性物浓度过低	补充或更换溶液
	微蚀不够	加强微蚀
溶液浑浊	酸度过低	用甲酸调整酸度
板面黏状物	液位不够	调整液位
	碱性过高析出活性物	调整酸度
	设备辊轮不洁	擦洗或更换

9.3　喷锡工艺

1. 喷锡工艺概述

喷锡，又称热风整平，英文是 Hot Air Solder Level（缩写 HASL）或 Hot Air Leveling（缩写 HAL），是常见的印制电路板表面处理的方式之一。

（1）喷锡的基本工作原理。

利用热风将印制电路板表面及孔内多余焊料去掉，剩余焊料均匀覆在焊盘及无阻焊料线条及表面封装点上。

（2）喷锡的主要作用。

①防止裸铜面氧化；

②保持焊锡性。

其他的表面处理方式还有：热熔，有机保护膜 OSP，化学锡，化学银，化学镍金，电镀镍金等；但是以喷锡板的性价比最好。

（3）喷锡的分类。

喷锡分为垂直喷锡和水平喷锡两种。

垂直喷锡主要存在以下缺点：

①板子上下受热不均，后进先出，容易出现板弯板翘的缺陷；

②焊盘上上锡厚度不均，由于热风的吹刮力和重力的作用使焊盘的下缘产生锡垂（Solder Sag），使 SMT 表面贴装零件的焊接不易贴稳，容易造成焊后零件的偏移或碑立现象（Tomb Stoning）。

③板上裸铜上的焊盘与孔壁和焊锡接触的时间较长，一般大于 6 s，铜含量在焊锡炉增长较快，铜含量的增加会直接影响焊盘的焊锡性，因为生成的 IMC 合金层厚度太厚，使板子的保存期大大缩短。

水平喷锡大大克服以上缺陷，与垂直喷锡相比，主要有以下优点：

①熔锡与裸铜接触时间较短，为 2 s 左右，IMC 厚度薄，保存期较长；

②沾锡时间短，1 s 左右；

③板子受热均匀，机械性能保持良好，板翘少。

（4）水平喷锡的工艺流程。

喷锡（即热风整平）主要工艺流程为：放板—热风整平前处理—热风整平（喷锡）—热风整平后清洗—检查。

喷锡工艺相对简单，但要保证优良的印制电路板品质，有很多条件需要掌握，例如：熔锡温度、风刀气流温度、风刀压力、浸焊时间、提升速度等。这些条件都有设定值，但工作时需要根据印制电路板的外在条件及 PCB 加工要求做相应调整，例如，板厚、板长、单面、双面、多层板等。

2. 喷锡工艺流程

接下来我们以 Create – ASM6200 自动喷锡机的操作流程来介绍喷锡的工艺流程。

（1）设备图片（图 9.11）。

（2）工艺说明。

①前清洗处理。主要是微蚀铜面清洗，同时将附着的有机污染物除去，使铜面真正清洁，和熔锡有效接触，迅速地生成 IMC；微蚀均匀会使铜面有良好的焊锡性；水洗后热风快速吹干。

②预热及助焊剂涂敷。预热带一般是上下约 1.2 m 长或 4 英尺（1 英尺 = 0.304 8 m）长的红外加热管，板子传输速度取决于板子的大小、厚度和复杂性。板面温度

图 9.11　Create – ASM6200 自动喷锡机

达到 130 ～ 160 ℃之间进行助焊剂涂敷，双面涂敷，可以用盐酸作为活化的助焊剂。预热放在助焊剂涂布以前可以有效防止预热段的金属部分不至于因为滴到助焊剂而生锈或烧坏。

③热风压力设定的相关因素。板子厚度、焊盘的间距、焊盘的外形、沾锡的厚度（垂直喷锡中为了防止风刀与已变形的板面发生刮伤，风刀与板面之间的距离相当宽，故容易造成焊盘锡面的不平）。

④冷却与后清洗处理。

先用冷风在约1.8 m 的气床上由下向上吹,而将板面浮起,下表面先冷却,继续在约1.2 m 转轮承载区用冷风从上至下吹;清洁处理除去助焊剂残渣,同时也不会带来太大的热震荡。

(3)操作说明。

①锡炉加温在 80 min 内达到开机条件。

②强化炉体材质及厚度,无薄弱点,提高耐蚀年限。

③配合无铅锡特性,加大泵循环量,加强炉体保温,使炉内各部均温性提高,并使无铅锡混合均匀。

④锡炉的大容量及高温、高功率的加热器,强化保温以多段加热的控制方式,确保锡温维持在 ±5 ℃内的操作区间内稳定生产。

⑤风刀可单支调整生产条件(前风刀:角度,高低,距离;后风刀:角度,距离)。

⑥风刀的拆装要简便,可在 20 min 内更换风刀完成,且风刀生产角度条件不会改变。

⑦风刀上的锡渣的清除,不必拆风刀或改变风刀条件。风刀座的设计为双开夹式(前、后风刀可以个别翻开)。

⑧锡炉底部有最小 2°的倾斜,排锡口的设计在清锡时不阻塞,排锡完全干净。加装环形加热器于排锡管,排锡时不需动用喷灯火烤。

⑨锡炉加热器,配线采用高温镍线不会氧化,寿命更延长。可单支抽换,在 30 min 内抽换完毕。温控器分为两套:a.锡炉温控器;b.搅拌槽温控器。

⑩锡炉加热器在开机时,自动分阶段加热,防止炉体受内压变形和溅锡现象。

⑪可设定操作温度区间,防止人为疏忽的低温喷板,以适应无铅锡狭窄操作区间特性,确保锡面品质。

⑫升降杆速度可调度达 60 m/min。

⑬升降杆有防护设计,使锡渣不掉入,全部铜管配管不会有接头问题。

⑭升降杆行程可调整,上下端加缓冲装置,升降平滑不会震动。

⑮总风压与前、后风刀风压由压力表监测,且装设在操作员直接可监视位置。

⑯当热风机风压不足时,有警告装置,对热风机有保护作用。

⑰风刀表面经特殊处理不会沾锡,使用寿命达一年以上(不可有撞击刀口的条件下)。

⑱钛材质不沾锡。

⑲导轨的锁定简单、快速,特殊表面处理,寿命高于钛材质。

⑳加装 24 h 可设定的定时器一组。

㉑低故障率,维护简便,低耗损,高产出,核心部件采用进口和本公司专利设计,确保产品品质优良稳定。

㉒为降低含铜量,需部分换锡,是无铅喷锡的最大生产成本所在。配合无铅锡除铜特性需求,本机可做除铜设定,配合完整的除铜技巧,将含铜量保持在 1.1%以下。

9.4　化学沉锡工艺

1. 沉锡工艺特点

(1)在 155 ℃下烘烤 4 h(即相当于存放一年),或经 8 d 的高温高湿试验(45 ℃、相对湿度为 93%),或经 3 次回流焊后仍具有优良的可焊性。

(2)沉锡层光滑、平整、致密,比电镀锡难形成铜锡金属互化物,无锡面毛刺。

(3)沉锡层厚度可达 0.8 ~ 1.5 μm,可耐多次无铅焊冲击。

(4)溶液稳定,工艺简单,可通过分析补充而连续使用,无需换缸。

(5)既适用于垂直工艺也适用于水平工艺。

(6)沉锡成本远低于沉镍金,与热风整平相当。

(7)对于喷锡易短路的高密度板有明显的技术优势,适用于细线高密度 IC 封装的硬板和柔性板。

(8)适用于表面贴装(SMT)或压合(Press-fit)安装工艺。

(9)无铅无氟,对环境无污染,免费回收废液。

2. 影响沉锡速率的因素

(1)温度的影响:在 40 ~ 80 ℃的区间,沉锡速率随温度的升高而加快。

(2)时间的影响:锡层厚度随时间的延长而增加,但在 60 ℃下 20 min 后厚度趋于稳定,因此生产上选择在 60 ℃下沉锡 10 ~ 12 min,可以得到 1.5 μm(60 微英寸)足够厚的锡层。

(3)锡浓度的影响:沉锡速度随着锡浓度的增加而上升,但沉锡层的外观并不随着锡浓度的升高而有任何变化,因此增加锡浓度是提高沉锡速率的有效方法之一。

(4)有机磺酸浓度的影响:沉锡的速率随有机磺酸的浓度上升而加快,当有机磺酸的含量超过 110 g/L 后,速率基本不变,但当有机磺酸浓度低于 50 mL/L 时所形成的锡层会呈雾状。

(5)硫脲浓度的影响:沉锡速率随硫脲浓度的上升而加快,但硫脲浓度超过 250 g/L 时,锡层外观变得粗糙、毛刺多。

3. 沉锡工艺流程

以 Create – APM4200 自动助焊防氧化机为例介绍。

(1)设备结构。

(2)功能说明(图 9.12):

①顶盖:用于整机的液体保护,使用时,将顶盖向上提起即可。

②工作槽:"除油""水洗""微蚀""预浸""沉锡"为设备主要工作槽,用于完成相应工艺流程。

③电源开关:用于控制整机的电源。

④控制面板:采用界面美观、操作便捷

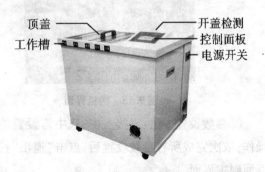

图 9.12　Create – APM4200 自动助焊防氧化机

的彩色触摸液晶屏作为人机界面,用于设备工艺流程控制、工艺参数设置及设备状态显示。

⑤开盖检测:当设备处于开盖时,各槽加热管即停止加热,确保操作者安全。

(3)工艺流程:除油—水洗 1—微蚀—水洗 2—预浸—沉锡—水洗 3—烘干。

①除油:用于去除铜面的轻度油脂、氧化物及手指印,使铜面清洁及增加润湿性。采用浸泡除油,并结合磁力驱动循环泵使除油液微动循环。除油参考工艺参数:45 ℃,3 min。

②水洗 1:室温市水洗,清洗表面和孔内多余残留液,经水洗工艺可有效防止各槽内液体交叉污染,水洗 1、2、3 共用同一槽体。市水洗参考时间为 30 s,以洗净板面且不污染后续药水槽为准。

③微蚀:对铜的表面进行轻微的蚀刻,确保完全清除铜箔表面的氧化物。采用浸泡微蚀,并结合磁力驱动循环泵使微蚀液微动循环。微蚀参考工艺参数:25 ℃,30 s。

④水洗 2:同水洗 1。

⑤预浸:用于铜面活性调整以及防止水洗液带入化学镀锡液内。

预浸参考工艺参数:30 ℃,2 min。

⑥沉锡:通过改变铜离子的化学电位使镀液中的亚锡离子发生化学置换反应,被还原的锡金属沉积在基板铜的表面形成锡镀层。浸泡沉锡,并结合磁力驱动循环泵使沉锡液微动循环,确保沉锡均匀。

沉锡参考工艺参数:55 ℃,10~15 min。

⑦水洗 3:同水洗 1。

⑧烘干:置于油墨固化机内烘干即可。

烘干参考工艺参数:75 ℃,3 min。

(4)开机。

首次使用设备时,需先往各个槽内添加好相应的药液,然后接好电源线,开启电源开关,液晶显示开机界面,接着运行自检程序,自检完毕进入待机界面,如图 9.13 所示。

(5)参数设置。

①点击"设置"按钮,进入参数设置界面,如图 9.14 所示。

图 9.13 待机界面

图 9.14 参数设置界面

②参数设置方法:直接点击,选中需设置的参数项,通过 ⬆ 或 ⬇ 按钮调整参数值。同样操作,依次完成所有参数设置后,点击"退出"按钮可保存本次设定的参数,并退出设置状态,返回到主界面。

（6）设备运行。

主界面下，当各槽温度达到设定温度后，用内盖自带的夹具夹好板件，按照工艺流程，浸入除油槽中，点击"运行"按钮即可，如图9.15所示。

运行完毕，蜂鸣器报警提示，取出板件，并点击"停止"按钮可停止运行并解除报警，同样操作，依次完成所有工艺流程。

图9.15 运行界面

（7）查看帮助。

初次使用设备或者出现异常情况时，请查看设备的帮助功能。在待机界面点击　按钮，即可进入帮助界面。

在帮助界面，按　或　按钮可以上下翻页，按　按钮可退出帮助界面。

（8）液体维护。

①除油液。液位不足时按原液添加即可。一般不需维护，当处理量达到 $20 \sim 25 \ m^2/L$ 时，或者溶液很脏、除油效果不好时需重新配制。

②微蚀液。液位不足时按原液添加即可。

③预浸液。槽液混浊或处理板量至 $15 \sim 20 \ m^2/L$ 换槽。

④沉锡液。

a. 使用一段时间后液位不足，浓度降低，镀速减慢，可直接添加沉锡液补充。

b. 镀液使用时间过长或老化，可不再添加，使其有效成分降低，重新配置新液。

（9）异常处理。

①开机无反应、有无电源指示。

原因：a. 电源接口接触不良；b. 保险管烧坏。

处理：a. 检查线路；b. 更换保险管。

②开机机器报警。

原因：a. 液位低；b. 液位检测电路故障。

处理：a. 添加相应药液；b. 检查液位检测电路。

③药液不循环。

原因：a. 循环泵接触线松脱或电机损坏；b. 循环泵管路或泵内有异物；c. 控制线路异常。

处理：a. 检查接线，更换循环泵；b. 排除异物；c. 检查线路。

④镀不上锡或锡层不亮。

原因：a. 阻焊或字符显影不彻底；b. 板件前处理效果欠佳，如除油液失效致板件表面除油不良，而导致沉锡液无法与基材接触而漏镀。

处理：a. 阻焊与字符显影时务必保证显影彻底，焊盘上需保证无任何残留油墨；b. 更换药液。

考核评价 **与** 技能训练

1. 简述 OSP 的工艺流程及用途。

2. 简述沉锡工艺的流程及用途。

3. 简述热风整平的工艺流程及用途。

4. 在完成字符工艺的 PCB 板基础上，使用 Create – APM4200 助焊防氧化机完成一块双面的助焊防氧化处理。